JN040472

神業パワポ

PowerPointで何でも作る！

PPDTP 著

インプレス

はじめにお読みください

本書は2021年9月現在の情報をもとに、「Microsoft Windows 10」にインストールした「PowerPoint」の操作方法を解説しています。そのほかの環境の場合、一部画面や操作が異なることがあります。また本書の発行後に各ソフトウェアの機能や操作方法、画面などが変更された場合、本書の掲載内容通りに操作できなくなる可能性があります。本書発行後の情報については、弊社のWebページ(https://book.impress.co.jp/)などで可能な限りお知らせいたしますが、すべての情報の即時掲載および確実な解決をお約束することはできかねます。また本書の運用により生じる、直接的、または間接的な損害について、著者および弊社では一切の責任を負いかねます。あらかじめご理解、ご了承ください。

「神業パワポ」をご覧いただきありがとうございます。

本書と巡り合った今日この瞬間、

PowerPointが別のアプリケーションに生まれ変わります。

PowerPointといえば、プレゼンテーション資料の作成ですが、

本書では主に「素材の作り方」について解説しています。

素材作りを通して、思いもよらない「ツールの使い方」や、

爆速で作業をこなす「効率的な操作方法」が習得できます。

PowerPointの革命的な使い方を余すことなく記しましたので、

最後までお楽しみいただけると幸いです。

さぁ、パワポの未知なるパワーを体験しましょう！

Visual index

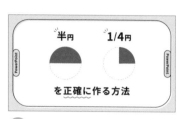

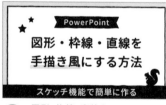

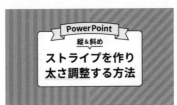

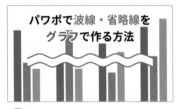

Chapter 6

画像加工の神業

目次

● 本書の読み方

本書では、素材を作成する手順を紙面で再現しています。
ショートカットキーを用いた方法など、できるだけ効率的な手順で解説しています。

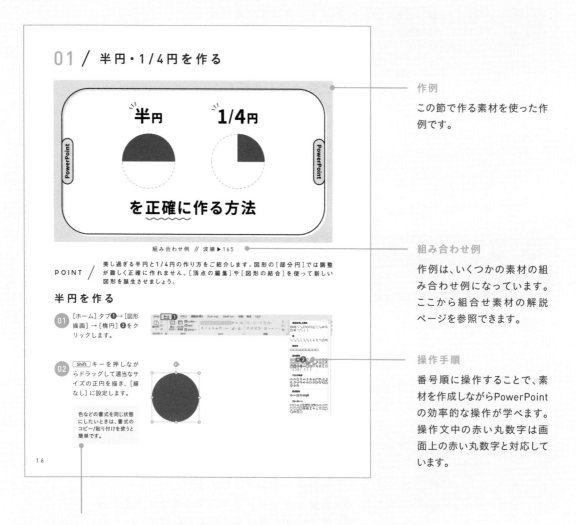

作例

この節で作る素材を使った作例です。

組み合わせ例

作例は、いくつかの素材の組み合わせ例になっています。ここから組合せ素材の解説ページを参照できます。

操作手順

番号順に操作することで、素材を作成しながらPowerPointの効率的な操作が学べます。操作文中の赤い丸数字は画面上の赤い丸数字と対応しています。

補足説明

操作のヒントやポイントを説明しています。

操作効率を上げる
基本設定

01 / 作成を効率よく進めよう！

POINT / 作成を効率よく進めるための基本設定を行いましょう。クイックアクセスツールバーのカスタマイズなど、最初に設定を済ませておくと操作がスムーズに行えるので、時短や効率アップにつながります。

オブジェクトの移動間隔を細かくする

オブジェクトをドラッグして移動するときに、移動間隔を細かくする設定です。オブジェクトがグリッドにスナップしていると移動間隔が大きくなるため、操作がしづらくなります。

01 ［表示］タブ → ［表示］グループ右下の起動ツールをクリックします❶。

02 ［グリッドとガイド］ダイアログボックスが開くので、［描画オブジェクトをグリッド線に合わせる］❷のチェックをはずし、［既定値に設定］❸をクリックします。

スマートガイドを表示する

スマートガイドを表示すると、ガイドを目安にしてオブジェクト同士をぴったり合わせたり、配置させたりできるので便利です。

01 ［表示］タブ → ［表示］グループ右下の起動ツール❶をクリックします。

02 ［グリッドとガイド］ダイアログボックスが開くので、［図形の整列時にスマートガイドを表示する］❷にチェックを入れ、［既定値に設定］❸をクリックします。

作業ウィンドウを表示する

画面の右側に表示される作業ウィンドウは、すぐにアクセスできるように表示させた状態にしましょう。

01 表示方法は、図形や画像を右クリックしてメニューを開き、[図形の書式設定] や [図の書式設定] をクリックします。

作業ウィンドウ

[左揃え]や[上下反転]を クイックアクセスツールバーに追加する

本書では、[左揃え] や [上下反転] などの操作をよく行います。よく使うコマンドは、クイックアクセスツールバーに追加しておくと効率的です。

01 [左揃え] などの操作は、オブジェクトを選択した状態で [図形の書式] タブ→ [配置] ❶ から、[上下反転] などの操作は、[図形の書式] タブ→ [回転] ❷ から行います。

> [ホーム]タブ→[配置]からも行えます。

02 コマンドをクイックアクセスツールバーに追加したいときは、コマンドを右クリックしてメニューを開き、[クイックアクセスツールバーに追加] ❶ をクリックします。

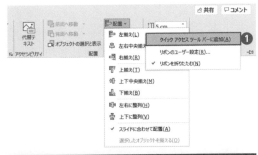

クイックアクセスツールバーにボタンが追加されます。

［高さ］［幅］［回転］の設定

作成手順に［サイズ］の［高さ］［幅］［回転］の指定がある場合の設定方法です。

01 ［図形の書式設定］ウィンドウ→［サイズとプロパティ］❶→［サイズ］❷→［高さ］［幅］［回転］❸の値を入力します。

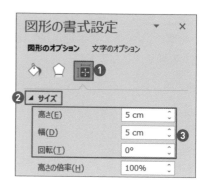

02 ［高さ］と［幅］の設定は、よく行うのでクイックアクセスツールバーに追加しておくと効率的です。追加方法は、［図形の書式］タブ→［図形の高さ］［図形の幅］のアイコンを右クリックしてメニューを開き、［クイックアクセスツールバーに追加］❶をクリックします。

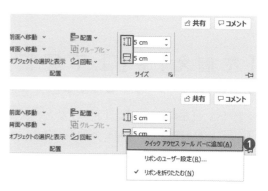

色のユーザー設定

作成手順に「RGB値」の色指定がある場合の設定方法です。

01 作業ウィンドウの［色］❶→［その他の色］❷→［色の設定］ダイアログボックス →［ユーザー設定］タブ❸から「RGB値」❹を入力します。

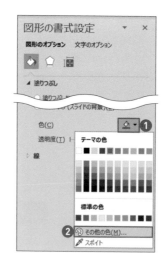

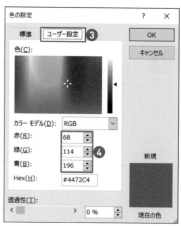

Chapter

1

オブジェクト
の神業

01 / 半円・1/4円を作る

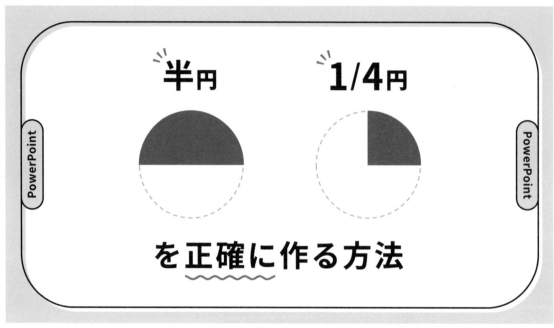

組み合わせ例 // 波線 ▶165

POINT / 美し過ぎる半円と1/4円の作り方をご紹介します。図形の[部分円]では調整が難しく正確に作れません。[頂点の編集]や[図形の結合]を使って新しい図形を誕生させましょう。

半円を作る

01 [ホーム]タブ❶→[図形描画]→[楕円]❷をクリックします。

02 Shift キーを押しながらドラッグして適当なサイズの正円を描き、[線なし]に設定します。

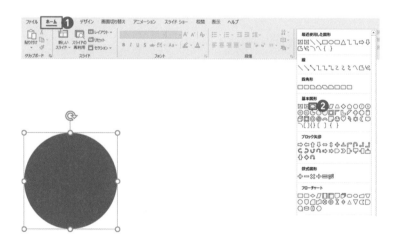

03 正円を右クリックしてメニューを開き、[頂点の編集]をクリックします。

04 頂点が選択できるようになるので、[Ctrl]キーを押しながら下中央の頂点をクリックします。

> [Ctrl]キーを押しながら頂点にマウスポインターを合わせると、マウスポインターの形が×になります。その状態でクリックすると頂点を削除できます。

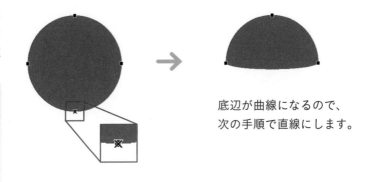

底辺が曲線になるので、次の手順で直線にします。

05 底辺の線分にマウスポインターを合わせ、マウスポインターの形が ✛ になった状態で右クリックしてメニューを開き、[線分を伸ばす]をクリックします。

> マウスポインターの形が ↖ や ✛ の状態でクリックすると、頂点の編集が解除されます。その場合は改めて手順3の[頂点の編集]をクリックしてから操作しましょう。

完 成

底辺が直線になりました。半円の完成です。

1/4円を作る

01 ［ホーム］タブ→［図形描画］→［楕円］を選択した状態で❶、正円を描きます❷。

02 手順1と同じようにして［L字］❶もスライドをクリックして描きましょう❷。

正円とL字は、スライドをクリックすると同じサイズで描けます。

03 正円とL字を選択し、上下左右中央揃え（13ページ）で配置します。

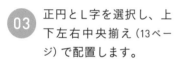

04 2つの図形を選択した状態で、［図形の書式］タブ❶→［図形の結合］❷→［単純型抜き］❸をクリックします。

完成

［線なし］に設定し、1/4円の完成です。

02 / くびれた水滴を作る

組み合わせ例 // 波線 ▶ 165

POINT / くびれた水滴を文字の中黒「・」を変形させて作る方法をご紹介します。
図形の［涙形］で作るよりも、すてきな水滴に仕上げましょう。

くびれた水滴を作る

くびれた水滴は、文字の変形を使うと簡単に作れます。

01 テキストボックスに［HG
明朝E］で中黒「・」を入
力し、［文字の塗りつぶ
し］を［色：水色 / RGB：
0,176,240］に設定します。

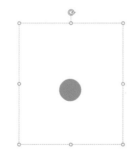

02 テキストボックスを選択
した状態で、［図形の書
式］タブ❶→［文字の効
果］❷→［変形］❸→
［フェード：上］❹をク
リックします。

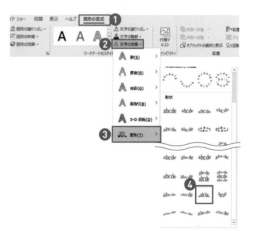

➡つづく 19

すると、黒丸が図のような形状に変化します。

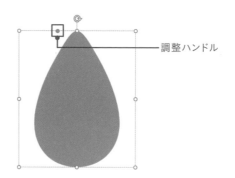

調整ハンドル

03 調整ハンドルをテキストボックスの中央までドラッグすると水滴の形状になります。

続いて、テキストから図形に変換します。

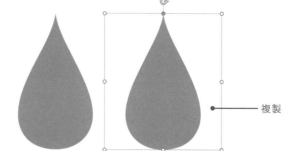

複製

04 水滴を Ctrl + Shift キーを押しながら右にドラッグして複製します。

05 2つのテキストボックスを左揃え（13ページ）で配置し、［図形の書式］タブ❶→［図形の結合］❷→［接合］❸をクリックします。

完成

テキストから図形に変換されました。くびれた水滴の完成です。

03 / 歯車を作る

組み合わせ例 // 方眼紙 ▶ 58

POINT / 歯車を3種類の結合方法 [接合] [型抜き/合成] [重なり抽出] を組み合わせて作る方法をご紹介します。歯車のギザギザを図形の [星:10pt] で作る手順がポイントです。

歯車のギザギザを作る

01 [ホーム] タブ → [図形描画] → [星:10pt] をクリックします❶。[星:10pt] を [高さ:8cm] [幅:8cm] で描き、[塗りつぶし] を [色:ブルーグレー / RGB:51,63,80] に設定します❷。

02 続いて、[ホーム] タブ → [図形描画] → [楕円] をクリックします。正円を [高さ:3cm] [幅:3cm] で描き、[塗りつぶし] を [色:白] に設定し、[星:10pt] と上下左右中央揃え (13ページ) で配置します。

03 [星:10pt] の調整ハンドル❶を正円の輪郭の位置までドラッグします❷。

ドラッグ中は正円が隠れます。ドラッグして手を離すの動作を繰り返しながら調整しましょう。

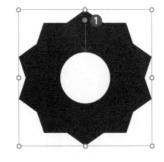 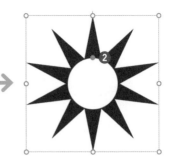

04 [星:10pt] の書式を Ctrl + Shift + C キーでコピーし、正円に Ctrl + Shift + V キーで貼り付けて同じ色にします。正円を [高さ:5cm][幅:5cm] に設定し、[星:10pt] と上下中央揃えで配置します。

色などの書式を同じ状態にしたいときは、書式のコピー/貼り付けを使うと簡単です。

05 [星:10pt] と正円を選択し、[図形の書式] タブ❶→ [図形の結合] ❷→ [重なり抽出] ❸をクリックします。

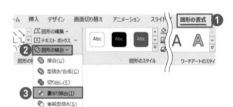

06 歯車のギザギザができました。

[重なり抽出]で結合すると、選択した図形の重なった部分が抜き出されます。

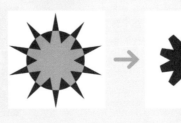

歯車の形状を作る

01 正円を［高さ：4cm］［幅：4cm］で描いてギザギザと同じ色にし、ギザギザと上下中央揃えで配置します。

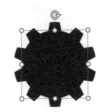

02 ギザギザと正円を選択し、［図形の書式］タブ❶→［図形の結合］❷→［接合］❸をクリックします。

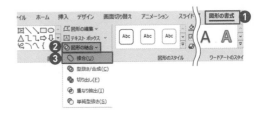

03 続いて、正円を［高さ：1.5cm］［幅：1.5cm］で描いてギザギザと同じ色にし、ギザギザと上下中央揃えで配置します。

説明のため正円の色を変更しています。

04 ギザギザと正円を選択し［図形の書式］タブ❶→［図形の結合］❷→［型抜き/合成］❸をクリックします。

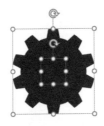
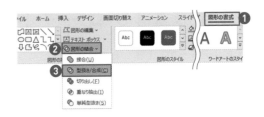

完成

中央に穴が開きました。歯車の完成です。

組み合わせ例 // 虹色グラデーション ▶86、抜け感フレーム ▶118

POINT / キラキラを図形の［ブローチ］と［星：4pt］を変形させて作る方法をご紹介します。［星：4pt］で作るキラキラは、角丸のかわいい形状になります。

キラキラを［ブローチ］で作る

図形の［ブローチ］を使うとキラキラの形状が簡単に作れます。

01 ［ホーム］タブ → ［図形描画］→ ［ブローチ］をクリックします❶。［ブローチ］を［高さ：5cm］［幅：5cm］で描き、［塗りつぶし］を［色：ゴールド / RGB：255,192,0］に設定します。

02 調整ハンドル❷を図形の中央までドラッグします❸。

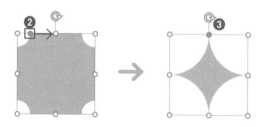

キラキラの形状になりました。

しかし、縦横比を変えて
サイズを変更すると、図
のように形状が崩れてし
まいます。

03 そこで崩れ対策です。キ
ラキラを Ctrl + Shift
キーを押しながら右にド
ラッグして複製します。

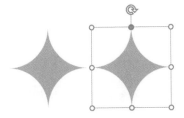

04 2つのキラキラを左揃え
(13ページ) で配置し、[図
形の書式] タブ❶→[図
形の結合]❷→[接合]
❸をクリックします。

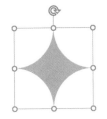

完成

サイズを変更しても形状が崩れ
なくなりました。
キラキラの完成です。

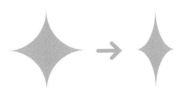

角丸キラキラを[星:4pt]で作る

01 [ホーム] タブ → [図形描画] → [星:
4pt] をクリックします❶。[星:4pt]
を [高さ:5cm] [幅:5cm] で描き、[塗
りつぶし] を [色:ゴールド / RGB:
255,192,0] に設定します❷。

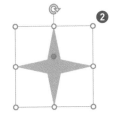

02 [星:4pt] を右クリックしてメニュー
を開き、[頂点の編集] をクリックし
ます。

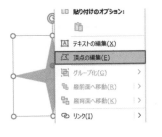

➡つづく　　25

03 図のように［星：4pt］の
1番上の頂点にマウスポ
インターを合わせます。
マウスポインターの形が
✛になった状態で右ク
リックしてメニューを開
き、［頂点を中心にス
ムージングする］をク
リックします。

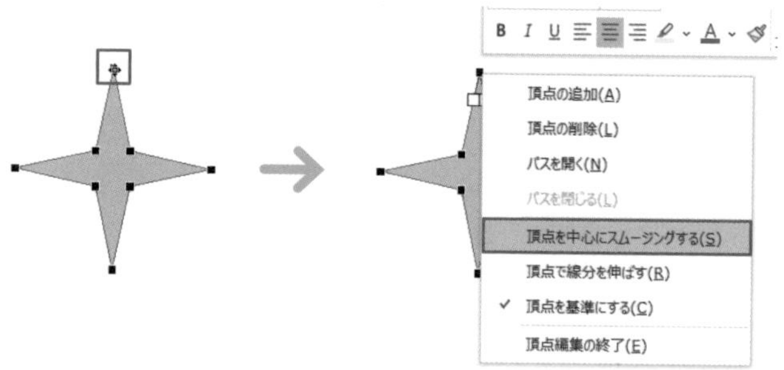

04 頂点が丸くなりました。
同じように「左の頂点」
❶→「下の頂点」❷の順
に丸くしましょう。

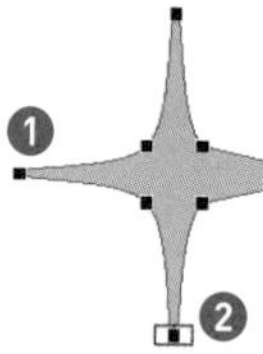

右回りで実行するときれいな曲線
になりません。

05 右の頂点は同じ処理をす
ると形状が崩れるので別
の方法で丸くします。

図のように右側上の線分
にマウスポインターを合
わせます。マウスポイン
ターの形が✛になった
状態で右クリックしてメ
ニューを開き、［線分を
曲げる］をクリックしま
す。

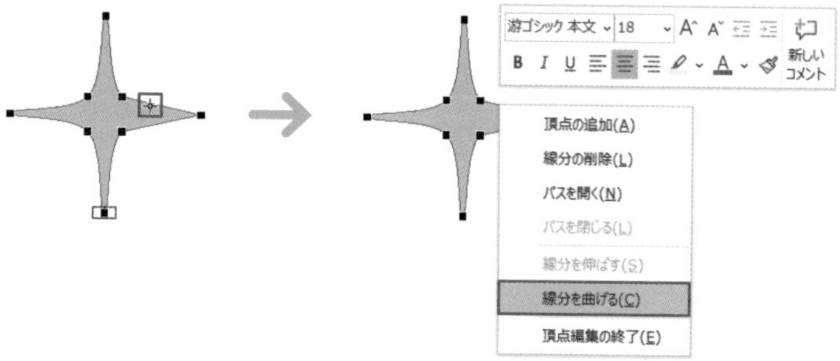

06 線分が曲がりました。同
じように右側下の線分も
曲げます。

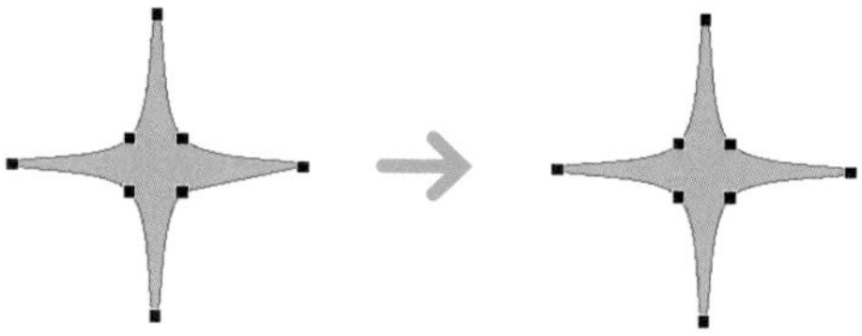

完 成

角丸キラキラの完成です。

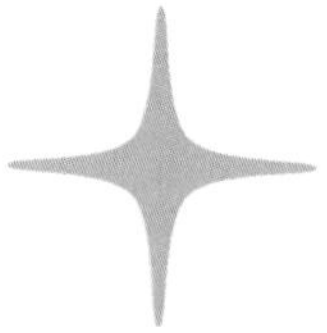

05 / 桜の花びらを作る

組み合わせ例 // 波形リボン ▶ 182

POINT / 桜の花びらを文字のハート「♥」を変形させて作る方法をご紹介します。
[SmartArt]を使い、五角形状に並べて桜の花にする手順もポイントです。

桜の花びらを作る

01 テキストボックスに[HGゴシックE]で黒いハート「♥」を入力し、[文字の塗りつぶし]を[色:ローズ / RGB:255,102,153]に設定します。

黒いハート「♥」はトランプで変換すると入力できます。

02 テキストボックスを選択した状態で、[図形の書式]タブ →[文字の効果]→[変形]→[フェード:上]をクリックします❶。

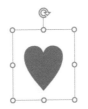

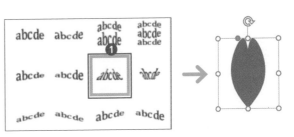

すると、ハートが図のような形状に変化します。

➡つづく　　27

03 調整ハンドルを図のようにテキストボックスの幅を4等分したぐらいの位置にドラッグします。

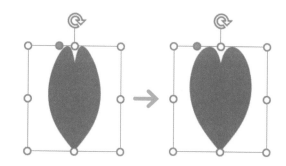

04 ここからは、テキストから図形に変換して進めます。
桜の花びらの中に収まるように四角形を描きます。

05 Shift キーを押しながら[花びら]→[四角形]の順に選択し、[図形の書式]タブ❶→[図形の結合]❷→[接合]❸をクリックします。

テキストから図形に変換されました。

06 切り込みの形状を変えて、さらに花びらに近づけます。
桜の花びらを右クリックしてメニューを開き、[頂点の編集]をクリックします。

07 頂点が編集できる状態になるので、Ctrl キーを押しながら図のように切り込みの左側の頂点❶をクリックして削除し、同じように図の赤枠で囲んだ右側の頂点❷も削除しましょう。

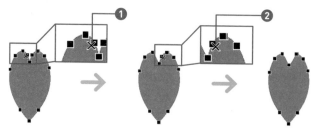

08 続いて、図のように右側の山にある左側の頂点にマウスポインターを合わます。マウスポインターの形が⊕になった状態で右クリックしてメニューを開き、[頂点で線分を伸ばす]をクリックします。

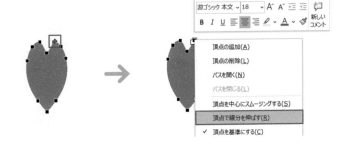

09 桜の花びらの形状になりました。[高さ:5cm][幅:3cm]に設定して完成です。

桜の花を作る

前項で作った桜の花びらを五角形状に並べて桜の花を作ります。
まずは、五角形状に並べる用のあたり図形を作りましょう。

01 [挿入]タブ→[SmartArt]をクリックして[SmartArtグラフィックの選択]ダイアログボックスを表示し、[循環]❶の[円グラフ]❷を選択し、[OK]ボタンをクリックします❸。

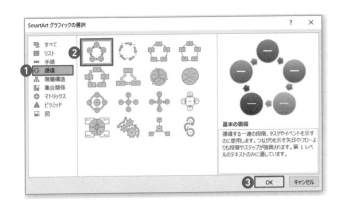

02 SmartArtがスライドに挿入されます。
[Shift]キーを押しながら円をすべてクリックして選択し、[Ctrl]+[C]キーでコピーします。

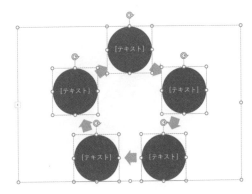

➡つづく 29

03 SmartArtを削除し、Ctrl + V キーで貼り付けましょう。この円をあたりにして花びらを五角形状に並べます。

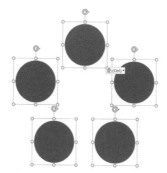

04 桜の花びらを円の中に収まるようにサイズ調整し、すべての円と上下左右中央揃え（13ページ）で配置します❶。

05 配置ができたら右回りで［72°］［144°］［216°］［288°］に回転させます❷。

06 桜の花びらが五角形状に並びました。あたり図形は削除しましょう❸。

07 桜の花びらを Ctrl + A キーですべて選択し❹、Ctrl キーを押しながらプレースホルダーの四隅のいずれかをドラッグして拡大します。すると、桜の花びらそれぞれの中心を基点にして拡大することができます。

完成

拡大率によって隙間を空けた抜け感のある桜にしたり、花びらを重ね合わせた桜にしたりと2パターン作ることができます。

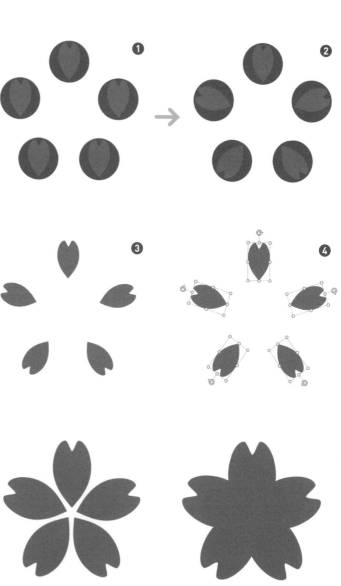

06 / 雪の結晶を作る

組み合わせ例 // 角丸キラキラ▶24、なみなみ円フレーム▶104

POINT / 雪の結晶のイラストを簡単に6パターン作る方法をご紹介します。元になる結晶を1つ作る流れで6パターンに展開できます。今回は、雪の結晶が木の枝状になった「樹枝状結晶」を作ります。

パターン1

01 [ホーム]タブ→[図形描画]→[線]をクリックします❶。

02 垂直線を[高さ:0.3cm]❶、[0.5cm]❷、[0.7cm]❸、[2.5cm]❹で4本引きます。垂直線の[線]を[色:青 / RGB:0,153,255]❺、[幅:2pt]❻、[線の先端:丸]❼に設定します。線はすべて上揃え(13ページ)で配置しましょう。

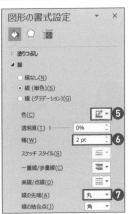

➡つづく   31

03 「0.3cm」「0.5cm」「0.7cm」の線を選択し❶、［図形の書式設定］ウィンドウ→［塗りつぶしと線］❷→［線］❸→［線（単色）］❹→［終点矢印の種類］❺→［開いた矢印］❻をクリックします。

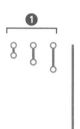

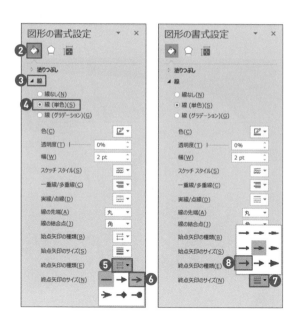

04 続いて、［終点矢印のサイズ］❼→［終点矢印サイズ7］❽に設定します。

05 下向きの矢印が3つできました。
矢印3つと「2.5cm」の線を左右中央揃えで配置します。

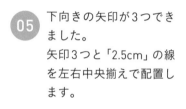

06 矢印3つを複製し❶、上下反転（13ページ）させ❷、「2.5cm」の線と下揃えで配置します❸。

07 すべての図形を選択して左右中央揃えにし❹、Ctrl + G キーでグループ化しましょう。

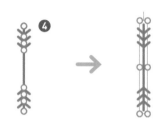

08 続いて、グループ化したパーツを「複製して60°回転」を2回繰り返します。

完成

3つのパーツを上下左右中央揃えで配置したら完成です。

パターン1

パターン2

01 [ホーム]タブ→[図形描画]→[六角形]をクリックします❶。

02 六角形を[高さ:1cm][幅:1.1cm]と[高さ:0.5cm][幅:0.6cm]で2つ描きます。六角形の[塗りつぶし]を[塗りつぶしなし]に[線]を[幅:2pt]に設定し、[90°]回転させます。

90度回転

完成

2つの六角形とパターン1を上下左右中央揃えで配置したら完成です。

パターン2

パターン3

01 パターン2を左に[90°]回転し、2つの六角形を選択します。

➡つづく　　33

02 六角形を選択した状態で、[図形の書式] タブ →［図形の編集］**❶** →［図形の変更］**❷** →［星：6pt］**❸** をクリックします。

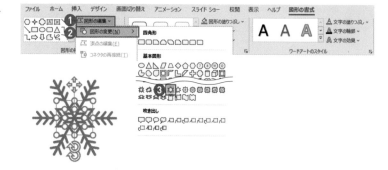

六角形が［星：6pt］に変わりました。

03 2つの［星：6pt］のサイズを［高さ：1.4cm］［幅：1.2cm］と［高さ：0.8cm］［幅：0.7cm］にします。

完 成

パターン1と上下左右中央揃えで配置したら完成です。

パターン3

パターン4・パターン5

01 パターン4と5は、パターン2と3の小さい方の［六角形］と［星：6pt］を削除して完成です。

パターン4　　　　　パターン5

パターン6

01 パターン6は、パターン2の「2.5cm」の線を3本とも削除して完成です。

パターン6

07 / 後光が差す 放射状オブジェクトを作る

組み合わせ例 // 紙吹雪 ▶ 175

POINT / 放射状オブジェクトは、対になる二等辺三角形を何度も複製すると作れますが、[SmartArt]と図形の[フローチャート:照合]を組み合わせると、より簡単に作ることができます。

放射状オブジェクトを作る

スライドサイズを正方形にして作成を進めます。

01 [デザイン]タブ❶→[スライドのサイズ]❷→[ユーザー設定のスライドのサイズ]❸をクリックし、[スライドのサイズ]ダイアログボックスで[高さ:20cm][幅:20cm]に設定し❹、[OK]ボタンをクリックします❺。
次に表示される[最大化]と[サイズに合わせて調整]の選択は、スライドにオブジェクトがなければどちらでもOKです。

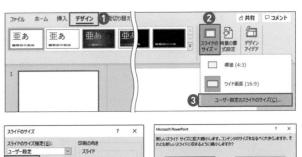

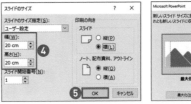

➡つづく 35

02 [挿入] タブ → [SmartArt] をクリックして [SmartArt グラフィックの選択] ダイアログボックスを表示します。[循環] ❶ の [円グラフ] ❷ を選択し、[OK] ボタン❸をクリックします。

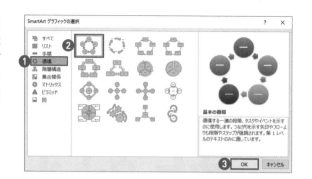

03 SmartArt がスライドに挿入されます。

SmartArt を選択した状態で❶、[SmartArt のデザイン] タブ❷→ [図形の追加] ボタンを11回クリックします❸。

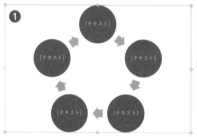

04 円が合計16個並びました。

Shift キーを押しながら、上半分にある8つの矢印をすべてクリックして選択します。

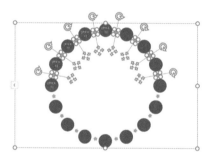

05 [書式] タブ❶→ [図形の変更]❷→ [フローチャート：照合] ❸をクリックします。

06 図形が変更されました。

SmartArt を選択した状態で、Ctrl + Shift + G キーを2回押してグループ化を解除し、[フローチャート：照合] 以外の図形を削除します。

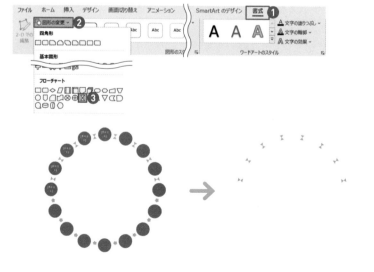

07 ［Ctrl］＋［A］キーで［フローチャート：照合］をすべて選択します。

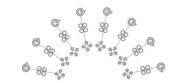

08 ［高さ：30cm］［幅：3cm］に設定し❶、上下左右中央揃え（13ページ）で配置します❷。

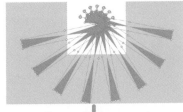

［高さ：30cm］［幅：3cm］にした状態

上下左右中央揃えにすると放射状になる

完 成

［Ctrl］＋［G］キーでグループ化し、スライドに上下左右中央揃えで配置しましょう。放射状オブジェクトの完成です。

後光が差すグラデーションを設定する

01 放射状オブジェクトの［塗りつぶし］を次のように設定します。

塗りつぶし（グラデーション）❶
種類：放射❷
方向：中央から❸
グラデーションの分岐点
［分岐点 1/2］
色：白、位置：0%❹
［分岐点 2/2］
色：黄 / RGB：255,240,0
位置：100%❺

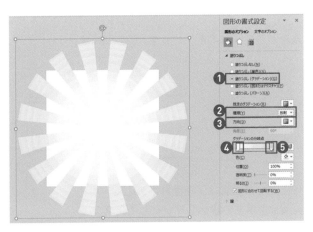

➡つづく

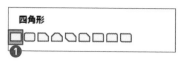

02 続いて、［ホーム］タブ → ［図形描画］ → ［正方形/長方形］をクリックします❶。正方形をスライドと同じサイズで描き、［塗りつぶし］を次のように設定して背景オブジェクトを作ります❷。

塗りつぶし（グラデーション）❸
種類：放射❹
方向：中央から❺
グラデーションの分岐点
［分岐点1/2］
色：白、位置：10%❻
［分岐点2/2］
色：黄 / RGB：255,240,0
位置：100%❼

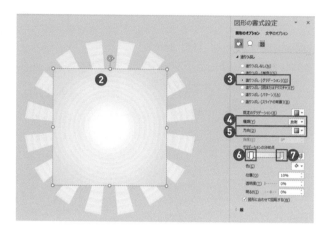

03 背景オブジェクトを選択し、[Ctrl] + [Shift] + [[] キーで放射状オブジェクトの背面に移動します。

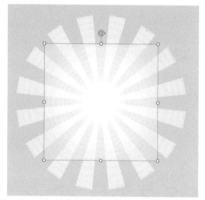

完 成

後光が差す放射状オブジェクトの完成です。

仕上がりの確認は、画面右下の［スライドショー］ボタン❶をクリックして、スライド外のオブジェクトを非表示にして行います。

08 / 漫画風集中線を作る

パワポで作る
漫画風集中線

組み合わせ例 // ハーフトーン ▶81

POINT / 線の長さ・太さ調整ができる漫画風集中線の作り方をご紹介します。集中線を1本ずつ並べて作るのは効率的ではありません。[SmartArt]で線を並べて、より簡単に作りましょう。

集中線パーツを作る

01 35〜36ページの手順1〜3と同じようにスライドサイズを[高さ:20cm][幅:20cm]に設定し、SmartArtの[循環]→[円グラフ]を挿入したら[図形の追加]を11回クリックします。

02 円が合計16個並びました。

SmartArtを[高さ:24cm][幅:24cm]に設定し、Shift キーを押しながら矢印をすべてクリックして選択します。

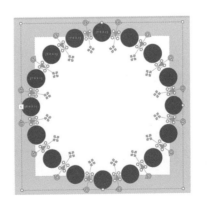

ch
1
オブジェクトの神業

➡つづく

03 矢印を選択した状態で、[書式] タブ❶→[図形の変更]❷→[フローチャート：組合せ]❸をクリックします。

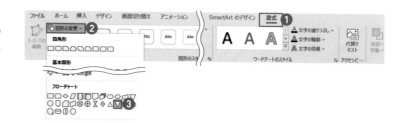

04 図形が変更されました。

[フローチャート：組合せ]を選択した状態で❶、[高さ：8cm][幅：0.3cm]に設定し❷、Ctrl + C キーでコピーします。

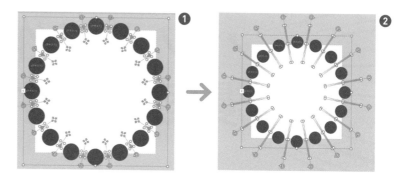

05 SmartArtを削除し❶、Ctrl + V キーで貼り付けます❷。

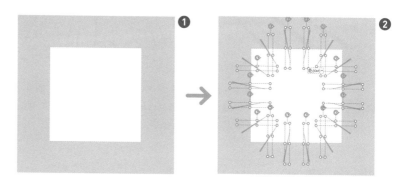

06 [フローチャート：組合せ]を選択した状態で❶、Ctrl + Shift + G キーでグループ化を解除すると図形の前面に透明オブジェクトが出現します❷。1本1本すべてに透明オブジェクトがあるので、すべて削除します。

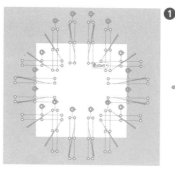

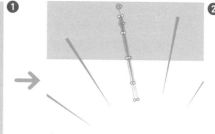

上図の状態になるので、前面のオブジェクト（小さいほう）を削除します。すべての図形に対して行います。

07 最後にすべての図形を
[Ctrl] + [G] キーでグルー
プ化し、[塗りつぶし]
を [色:黒] に設定します。

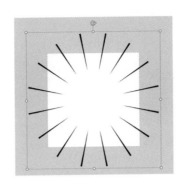

集中線を並べる

前項で作成した集中線を複製し、下図の4パターンを作ります。
集中線を角度調整するときはグループ化、長さ・太さ調整するときはグループ化を解除します。

01 グループ化した状態で [回転:2°]
グループ化を解除した状態で
[高さ:7.5cm] [幅:0.3cm]

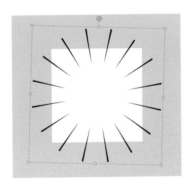

02 グループ化した状態で [回転:5°]
グループ化を解除した状態で
[高さ:7.2cm] [幅:0.2cm]

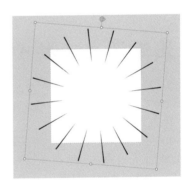

03 グループ化した状態で [回転:9°]
グループ化を解除した状態で
[高さ:8cm] [幅:0.4cm]

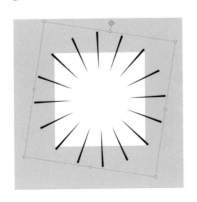

04 グループ化した状態で [回転:14°]
グループ化を解除した状態で
[高さ:7.2cm] [幅:0.3cm]

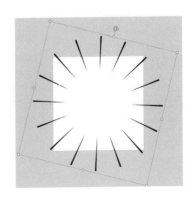

➡つづく

完 成

4つの集中線をスライドと上下
左右中央揃えで配置して完成で
す。

仕上がりの確認は、画面右下の
[スライドショー] ボタン❶を
クリックして、スライド外のオ
ブジェクトを非表示にして行い
ます。

> 線の角度やサイズを変えて、オリ
> ジナルの集中線を作ってみましょ
> う。

縦横比を変えてサイズを変更する

作成した集中線は、縦横比を変えてサイズを変更すると形状が崩れてしまいます。
縦横比を変えてサイズを変更する場合は、SVG形式に変換しましょう。

01 集中線を Ctrl + X キーで
切り取った状態で Ctrl +
Alt + V キーを押し、[形
式を選択して貼り付け] ダ
イアログボックスを開き
ます。
[貼り付ける形式] から
[画像 (SVG)] ❶を選択
し、[OK] ボタン❷をク
リックします。

縦横比を変えてサイズを
変更できるようになりま
した。

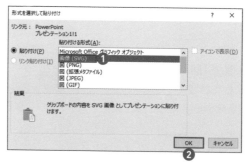

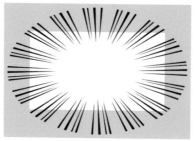

09 / マンガ肉を作る

組み合わせ例 // 漫画風集中線 ▶ 39、ふんわり吹き出し ▶ 138

POINT / マンガ肉のイラストをフォント「MS ゴシック」で入力した文字を変形させて作る方法をご紹介します。マンガ肉とは、漫画やアニメに登場する骨つき肉のことです。

肉の形状を作る

01 テキストボックスに黒丸「●」を入力し、[文字の塗りつぶし] を [色：茶 / RGB：140,70,0] に設定します。
作例のフォントはすべて [MS ゴシック] を使用しています。

02 テキストボックスを選択し、[図形の書式] タブ❶→ [文字の効果] ❷→ [変形] ❸→ [凹レンズ] ❹をクリックします。

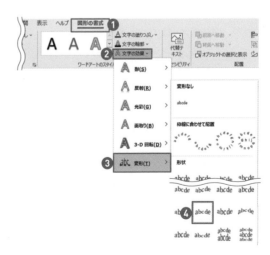

➡つづく

03 黒丸が肉の形状になりました**❶**。

[高さ:5cm][幅:4cm]に設定し、肉の完成です**❷**。

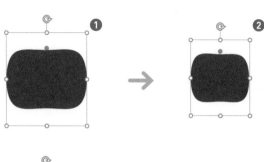

骨パーツを作る

01 テキストボックスに黒四角「■」を入力します。文字の塗りつぶしは何色でもOKです。

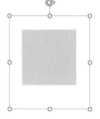

02 テキストボックスを選択し、[図形の書式]タブ→[文字の効果]→[変形]→[凹レンズ]**❶**をクリックします(前ページの手順2参照)。

03 黒四角の上下が凹みました**❶**。

[高さ:0.7cm][幅:5.5cm]に設定し、骨パーツの完成です**❷**。

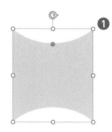

04 肉と骨パーツを上下左右中央揃え(13ページ)で配置し、骨パーツを Ctrl + Shift + [キーで背面に移動します。

関節パーツを作る

01 テキストボックスに黒いハート「♥」を入力します。文字の塗りつぶしは何色でもOKです。

黒いハート「♥」はトランプで変換すると入力できます。

02 テキストボックスを選択
し、［図形の書式］タブ →
［文字の効果］→［変形］→
［凹レンズ:下］❶をクリッ
クします。

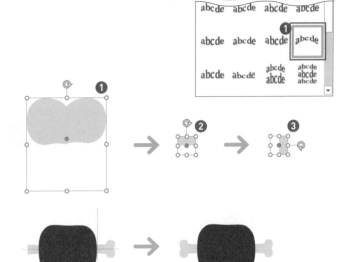

03 ハートの下部が凹みまし
た❶。

［高さ:1.2cm］［幅:1.2cm］
に設定し❷、［90°］回転さ
せます❸。

04 肉の右中央にスマートガ
イドを目安にしてぴった
り合わせ、左側も同じよ
うに関節パーツをつけま
す。

テキストから図形に変換する

01 肉を Ctrl + Shift キーを
押しながら右にドラッグ
して複製します。

02 2つの肉を左揃えで配置
し❶、［図形の書式］タ
ブ❷→［図形の結合］❸
→［接合］❹をクリック
します。

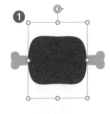
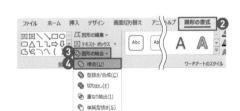

03 肉がテキストから図形に
変換されました。

04 続いて、左右の関節パーツを選択して⌈Ctrl⌋ + ⌈Shift⌋ + ⌈[⌋キーで背面に移動します。

05 ⌈Shift⌋キーを押しながら「骨パーツ」❶→「左右の関節パーツ」❷❸の順に選択し、[図形の結合]❹→[接合]❺をクリックします。

06 骨がテキストから図形に変換されました。

色を設定する

01 肉は[線]を[色:茶 / RGB:80,40,0][幅:3pt]、骨は[塗りつぶし]を[色:白]に[線]を[色:灰色 / RGB:127,127,127][幅:3pt]に設定します。

02 続いて、肉に影を入れて立体感を出します。肉を選択し、[図形の書式設定]ウィンドウ❶→[図形のオプション]❷→[効果]❸→[影]❹を右図のように設定します。

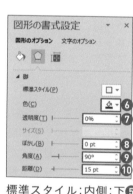

標準スタイル:内側:下❺
色:茶 / RGB:120,50,0❻
透明度:0%❼
ぼかし:0pt❽
角度:90°❾
距離:15pt❿

完成

肉に影がついて立体感が出ました。最後に、正円を[高さ:0.2cm][幅:0.2cm]で描き、[塗りつぶし]を[色:茶 / RGB:80,40,0]に設定し、肉に程よく並べます。
マンガ肉の完成です。

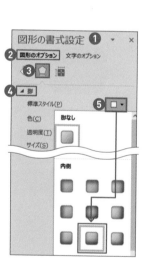

10 / 線幅と効果を図形と一緒に 拡大縮小する

組み合わせ例 // 水玉模様 ▶ 61、バクダンフレーム ▶ 110、立体文字 ▶ 208

POINT / PowerPointは図形のサイズを変更するときに線幅と効果の値が連動しません。線幅と効果も図形と一緒に拡大縮小したい場合は、SVG形式に変換する必要があります。

通常のサイズ変更

01 43 〜 46ページで作ったマンガ肉のサイズを変更します。肉と骨の輪郭に線幅、肉の陰影に効果の影を設定しています。

02 このマンガ肉を拡大すると線幅と影の値は元のままで、拡大すればするほど図のように全体のサイズに対して線と影が細くなってしまいます。

元のサイズ　　　　　　　　　そのまま拡大

➡つづく　47

SVG形式でサイズ変更

01 オブジェクトを Ctrl + C キーでコピーした状態で Ctrl + Alt + V キーを押し、[形式を選択して貼り付け] ダイアログボックスを開きます。
[貼り付ける形式] から [画像 (SVG)] ❶を選択し、[OK] ボタン❷をクリックします。

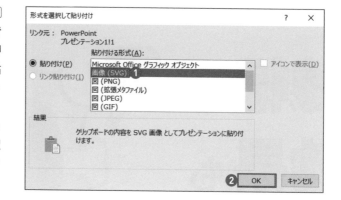

02 SVG形式に変換すると、線幅と効果が図形と一緒に拡大縮小します。

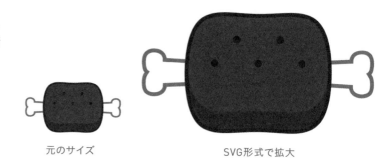

元のサイズ　　　　　　　　SVG形式で拡大

SVG形式に変換したオブジェクトは、グループ化を解除することで図形に戻せます。しかし、影などの効果を設定した部分が図のように画像化されて分離してしまうので、変換前に元のオブジェクトをバックアップしておくのがおすすめです。

11 / 図形・枠線・直線を手描き風にする

組み合わせ例 // シンプルリボン ▶ 150、油性ペン風文字 ▶ 206

POINT / 図形・枠線・直線を [スケッチ] で手描き風にする方法をご紹介します。
[スケッチ] はオブジェクトの線に手描き風のラフな線を適用できる機能です。
[スケッチ] 適用後の処理がポイントです。

図形

図のシンプルリボン (150ページ) を手描き風にします。 シンプルリボンは、
[図形の結合] → [接合] で結合してから進めましょう。

01 リボンの [線] に [スケッ
チスタイル:フリーハン
ド] ❶を設定します。 フ
リーハンドは2種類から
選択できます。

図形の書式設定　　　　▼ ×

図形のオプション 文字のオプション

▷ 塗りつぶし

▲ 線

○ 線なし(N)

◉ 線 (単色)(S)

○ 線 (グラデーション)(G)

色(C)

透明度(T) 0%

幅(W) 1 pt

スケッチ スタイル(S)

一重線/多重線(C)

実線/点線(D)

線の先端(A)

線の結合点(J)　　　　❶

➡つづく 49

02 しかし、フリーハンドを設定したままでは、塗りつぶしと線のパスがずれるので修正します。

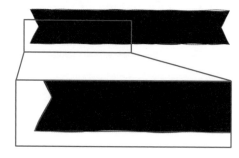

説明のため線の色を変更しています。

03 リボンを Ctrl + Shift キーを押しながら下にドラッグして複製します。

04 2つのリボンを上揃え(13ページ)で配置します。

05 2つのリボンを選択した状態で、[図形の書式]タブ❶→[図形の結合]❷→[接合]❸をクリックします。

完成

塗りつぶしと線のパスが同じ形状になりました。手描き風の図形の完成です。

枠 線

図形の [正方形/長方形] よりも [フレーム] に [スケッチ] を設定すると、よりラフな枠線が作れます。

01 [ホーム] タブ → [図形描画] → [フレーム] をクリックします。

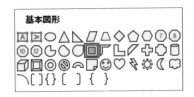

02 [フレーム] を [高さ: 10cm] [幅:10cm] で描き、[塗りつぶし] を [塗りつぶしなし] に、[線] を [色: 黒] ❶ [幅:3pt] ❷、[スケッチスタイル: フリーハンド] ❸、[線の結合点:丸] ❹ に設定します。

03 調整ハンドルを左端までドラッグし、一重線にします。

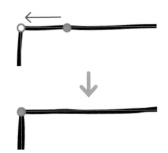

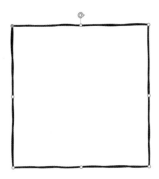

線と線の間に隙間ができた場合は、線幅を太くして埋めましょう。

完 成

手描き風の枠線の完成です。四角形を手描き風にするよりもラフな感じに仕上がりました。

➡つづく 51

直線

図形の [線] で描いた直線に [スケッチ] の設定はできません。直線を手描き風にする場合は、[表] で作った直線に [スケッチ] を適用します。

01 [挿入] タブ❶→ [表] ❷ → [罫線を引く] ❸ をクリックします。

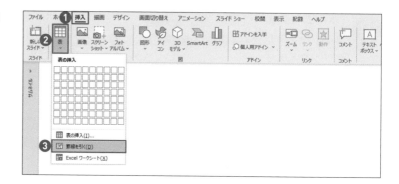

02 スライドをドラッグして適当な罫線を引きます。

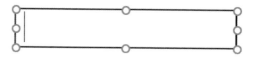

03 セルにカーソルが挿入された状態で [Esc] キーを押し、罫線全体を選択します。

04 [Ctrl]+[Alt]+[V] キーを押し、[形式を選択して貼り付け] ダイアログボックスを開きます。[貼り付ける形式] から [画像 (SVG)] ❶ を選択し、[OK] ボタン❷をクリックします。

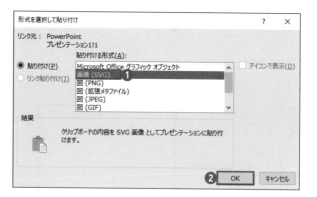

SVG形式で貼り付きました。

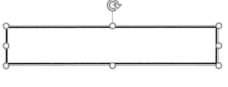

05 〔Ctrl〕+〔Shift〕+〔G〕キーでグループ化を2回解除します。

グループ化を2回解除すると、罫線が1本1本選択できるようになります。

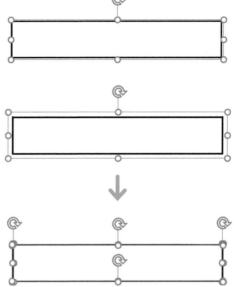

06 不要な罫線を削除し、［線］を［スケッチスタイル：フリーハンド］❶、［線の先端：丸］❷に設定します。

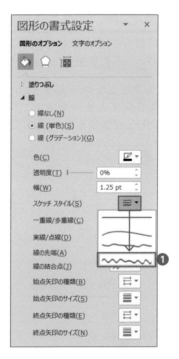

完成

手描き風の直線の完成です。
［線］を［実線/点線：破線］にすると手描き風の破線になります。

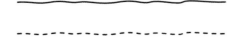

12 / アイコンを手描き風イラストにする

組み合わせ例 // 手描き風図形 ▶49、水玉模様 ▶61、ふんわり吹き出し ▶138、油性ペン風文字 ▶206

POINT / PowerPointのアイコンを手描き風イラストにする方法をご紹介します。アイコンのパスをランダムな波状にし、フリーハンドで描いたようなあたたかみのあるイラストに仕上げましょう。

アイコンを挿入する

01 [挿入] タブ❶→ [アイコン] ❷をクリックします。

02 今回はコアラのアイコンを使用します。「コアラ」で検索するとヒットします。

03 動物園のピクトグラムのようなコアラのアイコンを手描き風イラストにしましょう。

アイコンを図形に変換する

SVG形式のアイコンは、線を手描き風にする［スケッチ］が設定できません。
まずは図形に変換しましょう。

01 コアラを選択した状態で、
[Ctrl] + [Shift] + [G] キーでグループ化を解除すると図形に変換されます。

> グループ化を解除したときに
> 表示される警告メッセージは
> ［はい］をクリックします。

［スケッチ］が設定できる状態になりました。

複数のパーツがあるアイコンを手描き風にする

01 アイコンを [Ctrl] + [A] キーで
すべて選択し、［図形の書式
設定］ウィンドウ → ［図形の
オプション］❶ → ［塗りつぶ
しと線］❷ → ［線］❸ → ［線
（単色）］❹ → ［色：赤］❺、［ス
ケッチスタイル：フリーハン
ド］❻に設定します。

> 説明のため線の色を変更して
> います。

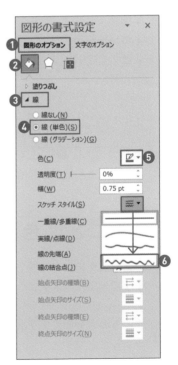

02 アイコンにフリーハンドの線
が設定されました。アイコン
の大きさによってフリーハン
ドの線の形状が変化します。

➡つづく

03 フリーハンドを設定したままでは塗りつぶしと線にずれがあるので、2つのパスが同じ形状になるように変更します。アイコンをすべて選択し、[図形の書式] タブ**❶**→ [図形の結合] **❷**→ [切り出し] **❸**をクリックします。

04 塗りつぶしと線のパスが同じ形状になりました。同時にアイコンの白抜き部分に図形が生成され、パーツごとに色が塗れる状態になりました。

パーツが分かれていないアイコンを手描き風にする

01 前ページの「複数のパーツがあるアイコンを手描き風にする」の手順1を行った状態でアイコンを複製し、2つのアイコンを選択した状態で「切り出し」を行いましょう。

02 塗りつぶしと線のパスが同じ形状になり、パーツごとに色が塗れる状態になりました。

パーツごとに色を塗る

01 好きな色を塗って完成です。あたたかみのある手描き風イラストになりました。

02 タコも海藻を添えて手描き風イラストにしてみました。

Chapter

2

パターン＆
テクスチャの神業

01 / 方眼紙を作る

組み合わせ例 // 付箋▶153

POINT / 方眼紙は直線を複製して等間隔に並べると作れますが、[表]を使って一括で格子状に線を引くと、より簡単に作ることができます。今回は、マス目が「10×10」の格子を作る手順で進めます。

格子状に線を引く

01 [挿入]タブ❶→[表]❷→[表の挿入]❸をクリックします。

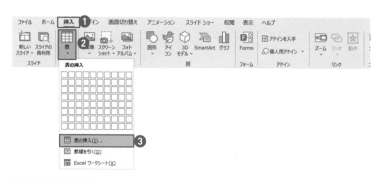

02 [表の挿入]ダイアログボックスが開くので、[列数:10][行数:10]に設定し❶、[OK]ボタン❷をクリックします。

03 「10 × 10」の表が挿入されました。

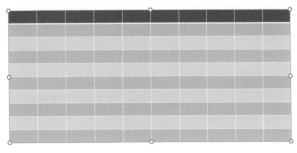

04 表を選択した状態で、[テーブルデザイン] タブ❶→［表のスタイルギャラリー］❷→［スタイルなし、表のグリッド線あり］❸をクリックします。

格子状の線が引けました。

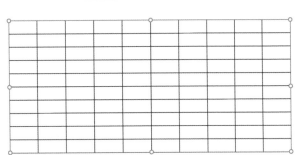

方眼紙のパターンを作る

01 格子を Ctrl + X キーで切り取った状態で Ctrl + Alt + V キーを押し、[形式を選択して貼り付け] ダイアログボックスを開きます。[貼り付ける形式] から [画像 (SVG)] ❶を選択し、[OK] ボタン❷をクリックします。

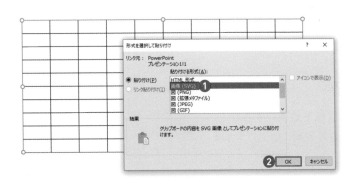

> ［貼り付ける形式］は、［図（拡張メタファイル）］を代用することも可能です。

➡つづく

02 SVG形式で貼り付きました
た。

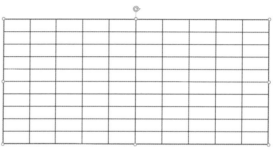

03 Ctrl + Shift + G キーで
グループ化を解除して図
形に変換します。

グループ化を解除したと
きに表示される警告メッ
セージは、[はい]をク
リックします。

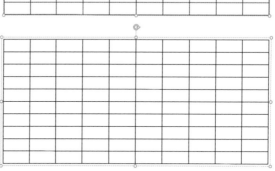

04 格子を選択した状態で、
[図形の書式設定]ウィ
ンドウ→[図形のオプ
ション]❶→[サイズと
プロパティ]❷→[サイ
ズ]❸→[高さ:10cm]
[幅:10cm]❹に設定し
ます。

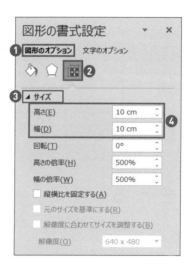

完成

交互に直線と点線にするなど、
お好みの方眼紙に仕上げましょ
う。

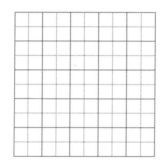

02 / 水玉模様を作る

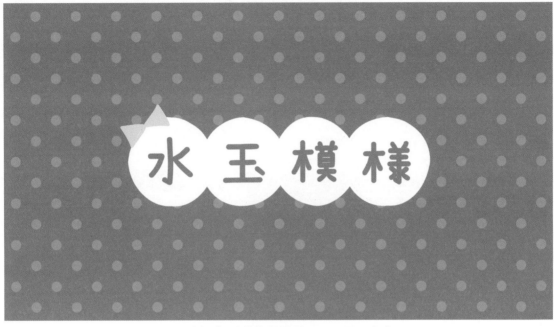

組み合わせ例 // 手描き風図形 ▶ 49、囲み文字 ▶ 194

POINT / 水玉模様は正方形と半円を組み合わせた繰り返しオブジェクトをテクスチャとして並べると、円が斜めに整列するパターンが作れます。

繰り返しオブジェクトを作る

01 ［ホーム］タブ → ［図形描画］→ ［正方形/長方形］をクリックします。正方形を［高さ：2cm］［幅：2cm］で描き、［塗りつぶし］を［色：ピンク/RGB：255,120,180］に設定します。

02 続いて、半円 (16ページ) を用意し、［高さ：0.25cm］［幅：0.5cm］に設定します。

➡つづく

03 半円の［塗りつぶし］を［色：白］［透明度：60%］に設定し、複製・回転させながら、図のように正方形の上下左右に中央揃え（13ページ）で配置します。

04 半円をすべて選択し、［図形の書式］タブ →［図形の結合］❶ →［接合］❷ をクリックします。

結合しておくとテクスチャとして並べたときに円が歪みません。

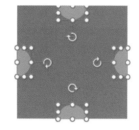

05 水玉模様の繰り返しオブジェクトの完成です。

半円のサイズで水玉の大きさを調整できます。

パターンを作る

01 繰り返しオブジェクトを Ctrl + C キーでコピーします。

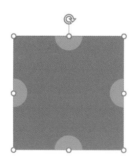

02 パターンを適用したい図形を用意します。作例では［高さ：10cm］［幅：10cm］の正方形を作りました。

03 パターンを適用したい図形を選択し、[塗りつぶし]を次のように設定します。

塗りつぶし（図またはテクスチャ）**❶**
画像ソース：クリップボード**❷**
[図をテクスチャとして並べる]にチェック**❸**
幅の調整：100％**❹**
高さの調整：100％**❺**
配置：中央**❻**

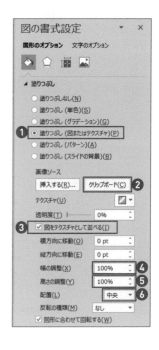

完 成

図形にパターンが適用されました。
水玉模様の完成です。

> PowerPointのバージョンにより、仕上がりが異なる場合があります。

パターンをサイズ調整したいときは、[塗りつぶし]の[幅の調整]と[高さの調整]で行います**❶**。
値を下げていくと水玉が小さくなっていきます。

作例はどちらも[50％]に設定しています。

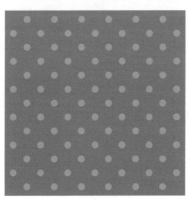

03 / 縦・斜めストライプを作る

組み合わせ例 // 下線吹き出し ▶134、アーチ状リボン ▶177

POINT / ［塗りつぶし（パターン）］で設定するストライプは太さ調整ができません。図形をテクスチャとして並べ、太さ調整ができる縦ストライプと斜めストライプのパターンを作りましょう。

縦ストライプの繰り返しオブジェクトを作る

01 ［ホーム］タブ → ［図形描画］→ ［正方形/長方形］をクリックします❶。正方形を［高さ：2cm］［幅：2cm］で描き、［塗りつぶし］を［色：薄い青 / RGB：153,204,255］に設定し❷、Ctrl + Shift キーを押しながら右にドラッグして複製します❸。

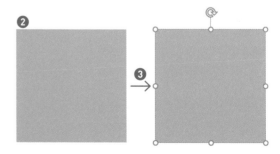

02 複製した正方形を［幅:
1cm］に変更して［塗り
つぶし］を［色:青 /
RGB:0,153,255］に設定
し、正方形と左右中央揃
え（13ページ）で配置しま
す。
縦ストライプの繰り返し
オブジェクトの完成です。

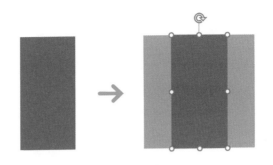

縦ストライプのパターンを作る

01 繰り返しオブジェクトを
Ctrl + C キーでコピー
します。

02 パターンを適用したい図
形を用意します。
作例では［高さ:10cm］
［幅:10cm］の正方形を
作りました。

03 パターンを適用したい図
形を選択し、［塗りつぶ
し］を次のように設定し
ます。

塗りつぶし（図またはテ
クスチャ）❶
画像ソース:クリップ
ボード❷
［図をテクスチャとして
並べる］にチェック❸
幅の調整:100%❹
高さの調整:100%❺
配置:中央❻

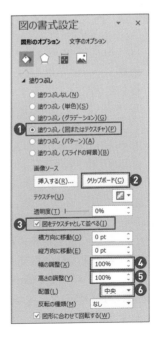

➡つづく　　65

完 成

図形にパターンが適用されました。
縦ストライプの完成です。

> PowerPointのバージョンにより、
> 仕上がりが異なる場合があります。

パターンをサイズ調整したいときは、[塗りつぶし]の[幅の調整]で行います❶。値を下げていくとストライプが細くなっていきます。作例は[40％]に設定しています。

> [幅の調整]を[100％]以上に設定できないので、ストライプを太くすることはできません。太くしたい場合は、繰り返しオブジェクトのサイズを拡大しましょう。

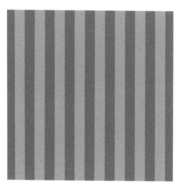

斜めストライプの繰り返しオブジェクトを作る

01 [ホーム]タブ→[図形描画]→[正方形/長方形]をクリックします。正方形を[高さ:2cm][幅:2cm]で描き、[塗りつぶし]を[色:薄い青/RGB:153,204,255]に設定して複製します。

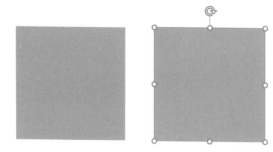

02 複製した正方形を選択した状態で、[図形の書式]タブ❶→[図形の編集]❷→[図形の変更]❸→[斜め縞]❹をクリックします。

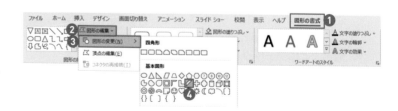

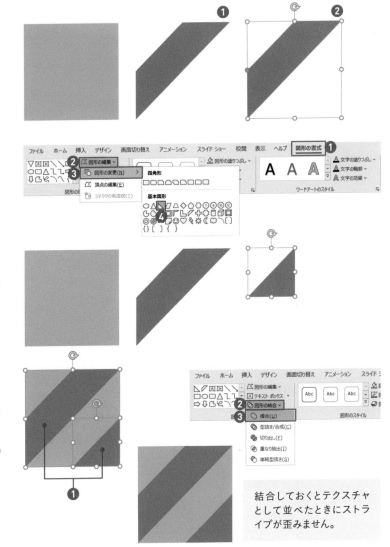

03 変更した斜め縞の［塗り
つぶし］を［色：青/
RGB：0,153,255］に設定
して❶、複製します❷。

04 複製した斜め縞を選択し
た状態で、［図形の書式］
タブ❶→［図形の編集］
❷→［図形の変更］❸→
［直角三角形］❹をクリッ
クします。

05 変更した直角三角形を
［高さ：1cm］［幅：1cm］
に設定し、左右反転（13
ページ）させます。

06 正方形、斜め縞、直角三
角形を右下揃えで配置し
ます。

07 斜め縞と直角三角形を選
択し❶、［図形の書式］
タブ →［図形の結合］❷
→［接合］❸をクリック
します。

斜めストライプの繰り返し
オブジェクトの完成です。

結合しておくとテクスチャ
として並べたときにストラ
イプが歪みません。

斜めストライプのパターンを作る

01 繰り返しオブジェクトを Ctrl + C キーでコ
ピーします。

02 パターンを適用したい図形を用意します。作
例では［高さ：10cm］［幅：10cm］の正方形を
作りました。

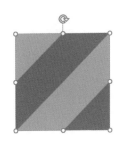

➡つづく　　67

03 パターンを適用したい図形を選択し、［塗りつぶし］を
次のように設定します。

塗りつぶし（図またはテクスチャ）**①**
画像ソース：クリップボード**②**
［図をテクスチャとして並べる］にチェック**③**
幅の調整：100%**④**
高さの調整：100%**⑤**
配置：中央**⑥**

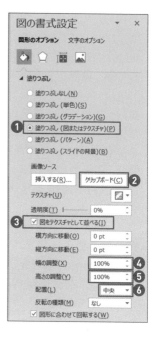

完 成

図形にパターンが適用されまし
た。
斜めストライプの完成です。

> PowerPointのバージョンにより、
> 仕上がりが異なる場合があります。

パターンをサイズ調整したいと
きは、［塗りつぶし］の［幅の調
整］と［高さの調整］で行いま
す**①**。

値を下げていくとストライプが
細くなっていきます。
作例はどちらも［51%］に設定
しています。

04 / ギンガム・シェパードチェックを作る

組み合わせ例 // 手描き風図形 ▶ 49、生成り生地テクスチャ ▶ 77、シンプルリボン ▶ 150

POINT / ギンガムチェックとシェパードチェックのパターンの作り方をご紹介します。ギンガムチェックは色を半調にする手順、シェパードチェックは斜めストライプ部分の作り方がポイントです。

ギンガムチェックの繰り返しオブジェクトを作る

01 [ホーム] タブ → [図形描画] → [正方形/長方形] をクリックします。正方形を [高さ:1cm][幅:1cm] で描き、[塗りつぶし] を [色:オレンジ / RGB:255,153,0] に設定します。

02 正方形を Ctrl + Shift キーを押しながら右にドラッグし、スマートガイドを目安にして図のようにぴったり合わせて複製します❶。同じように下にも複製しましょう❷。

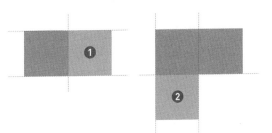

➡つづく 69

03 右と下の正方形を選択し❶、[図形の書式設定]ウィンドウ→[図形のオプション]❷→[塗りつぶしと線]❸→[塗りつぶし]❹→[塗りつぶし（単色）]❺→[透明度：50%]❻にしたあと、[色]❼→[スポイト]❽で選択中の正方形をクリックします❾。

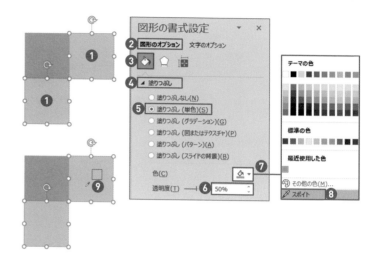

[透明度：50%]にした色を[スポイト]で拾うと、[透明度：0%]で半調の色が設定できるのでオブジェクトが透けません。

ギンガムチェックのパターンを作る

01 繰り返しオブジェクトを Ctrl + C キーでコピーします。

02 パターンを適用したい図形を用意します。作例では[高さ：10cm][幅：10cm]の正方形を作りました❶。

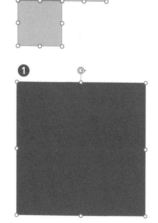

03 パターンを適用したい図形を選択し、[塗りつぶし]を次のように設定します。

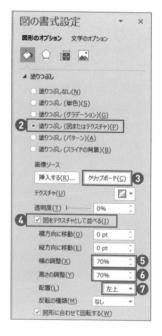

塗りつぶし（図またはテクスチャ）❷
画像ソース：クリップボード❸
[図をテクスチャとして並べる]にチェック❹
幅の調整：70%❺
高さの調整：70%❻
配置：左上❼

完 成

図形にパターンが適用されました。
ギンガムチェックの完成です。

> PowerPointのバージョンにより、仕上
> がりが異なる場合があります。

シェパードチェックの繰り返しオブジェクトを作る

01 前項で作成したギンガムチェックの繰り返し
オブジェクトを用意し、左上の正方形の［塗
りつぶし］を［色：緑 / RGB：112,173,71］に設
定します。

02 続いて、シェパードチェックの斜めストライ
プの部分を作ります。
斜めストライプの繰り返しオブジェクト (66
ページ) を用意し、［高さ：0.5cm］［幅：0.5cm］
に設定します。

03 斜めストライプの繰り返
しオブジェクトを Ctrl ＋
C キーでコピーし❶、
右と下の正方形を選択し
て❷、［塗りつぶし］を
次のように設定します。

塗りつぶし (図またはテ
クスチャ)❸
画像ソース：クリップ
ボード❹
［図をテクスチャとして
並べる］にチェック❺
横方向に移動：-2.5pt❻
幅の調整：50%❼
高さの調整：50%❽
配置：中央❾

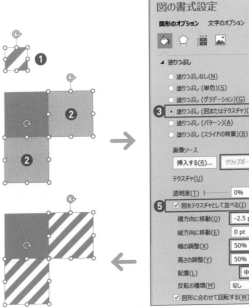

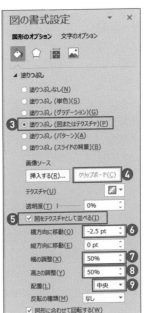

➡つづく

シェパードチェックの繰
り返しオブジェクトの完
成です。

シェパードチェックのパターンを作る

01 繰り返しオブジェクトを
[Ctrl] + [C] キーでコピー
します。

02 パターンを適用したい図
形を用意します。作例で
は [高さ:10cm] [幅:
10cm] の正方形を作り
ました❶。

03 パターンを適用したい図
形を選択し、[塗りつぶ
し] を次のように設定し
ます。

塗りつぶし (図またはテ
クスチャ) ❷
画像ソース:クリップ
ボード❸
[図をテクスチャとして
並べる] にチェック❹
幅の調整:70%❺
高さの調整:70%❻
配置:左上❼

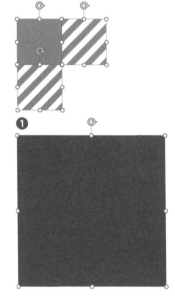

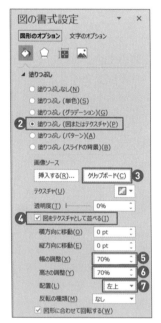

完成

図形にパターンが適用されまし
た。
シェパードチェックの完成です。

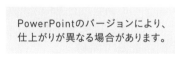

PowerPointのバージョンにより、
仕上がりが異なる場合があります。

05 / アーガイルパターンを作る

パワポで作る！ アーガイルパターン

組み合わせ例 // -

POINT / アーガイルパターンは図形の［ひし形］と［点線］を組み合わせて作ります。
パターン化するときに点線のつなぎ目が途切れないように処理する手順がポイ
ントです。

繰り返しオブジェクトを作る / ひし形パーツ

01 ［ホーム］タブ → ［図形描画］→ ［ひし形］を
クリックします❶。ひし形を［高さ:5cm］
［幅:3cm］で描き、［塗りつぶし］を［色:ロー
ズ / RGB:255,124,128］に設定します❷。

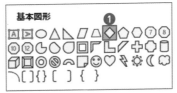

02 ひし形を Ctrl + Shift キーを押しながら右
にドラッグし、スマートガイドを目安にして
図のようにぴったり合わせて複製します。

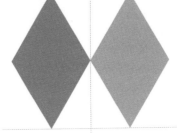

➡つづく 73

03 複製したひし形の［塗りつぶし］を［色：薄い青／RGB：102,153,255］に設定します。

繰り返しオブジェクトを作る ／ 点線パーツ

01 ［ホーム］タブ→［図形描画］→［線］をクリックします。斜線を［高さ：5cm］［幅：3cm］で引き、［線］を［幅：2pt］［実践／点線：点線（角）］［色：ゴールド／RGB：255,217,102］に設定して点線にします。

02 点線を複製・左右反転（13ページ）し、2本の点線を上下左右中央揃え（13ページ）で配置してクロスさせます。

点線のクロスした部分が「X」に重なり合っていると見た目がきれいに仕上がります。

03 パターン化したときに点線のつなぎ目が途切れないように、線の先端をトリミングします。
2本の点線を Ctrl + X キーで切り取った状態で Ctrl + Alt + V キーを押し、［形式を選択して貼り付け］ダイアログボックスを開きます。［貼り付ける形式］から［画像（SVG）］❶を選択し、［OK］ボタン❷をクリックします。

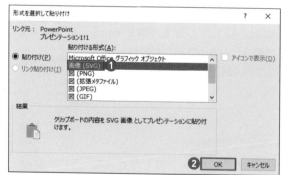

SVG形式で貼り付きました
た。

04 SVG形式にするとサイズ
が変わってしまうので、
元のサイズに戻します。
点線を選択した状態で、
[グラフィックスの書式]
ウィンドウ →［サイズと
プロパティ］**❶**→［縦横
比を固定する］**❷** の
チェックをはずしてから
［高さ：5cm］［幅：3cm］
❸ に設定します。

05 続いて、[グラフィック
スの書式] ウィンドウ →
［図］**❹**→［トリミング］
❺→［画像の位置］→［幅：
3.2cm］［高さ：5.2cm］**❻**
に設定します。

点線の先端がトリミング
されました。

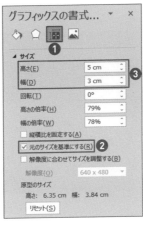

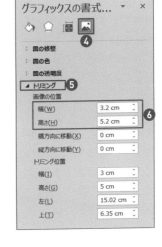

繰り返しオブジェクトを作る ／ 完成

01 ひし形パーツと点線パー
ツをそれぞれ左上揃えで
配置し、アーガイルの繰
り返しオブジェクトの完
成です。

➡つづく   75

パターンを作る

01 繰り返しオブジェクトを Ctrl + C キーでコピーします。

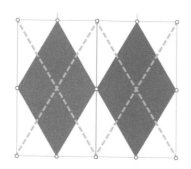

02 パターンを適用したい図形を用意します。
作例では [高さ：10cm] [幅：10cm] の正方形を作りました。

03 パターンを適用したい図形を選択し、[塗りつぶし] を次のように設定します。

塗りつぶし（図またはテクスチャ）❶
画像ソース：クリップボード❷
[図をテクスチャとして並べる] にチェック❸
幅の調整：30％❹
高さの調整：30％❺
配置：中央❻

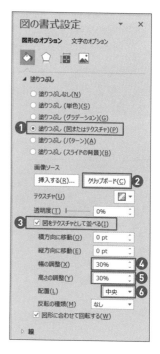

完 成

図形にパターンが適用されました。
アーガイルパターンの完成です。

PowerPointのバージョンにより、
仕上がりが異なる場合があります。

06 / 生成り生地テクスチャを作る

組み合わせ例 // 手描き風図形 ▶49、マスキングテープ ▶158

POINT / 生成り生地テクスチャは［テクスチャ］［アート効果］［色のトーン］を組み合わせて作ります。同じ画像に［アート効果］を2回適用する手順もポイントです。

生地の黒い斑点を作る

01 ［ホーム］タブ →［図形描画］→［正方形/長方形］をクリックします❶。正方形を［高さ：20cm］［幅：20cm］で描き、［線なし］に設定します❷。

➡つづく 77

02 正方形を選択した状態で、[図の書式設定] ウィンドウ →[図形のオプション] →[塗りつぶしと線]❶→[塗りつぶし]❷→[塗りつぶし（図またはテクスチャ）]❸→[テクスチャ]❹→[再生紙]❺をクリックし、[図をテクスチャとして並べる]❻にチェックを入れます。

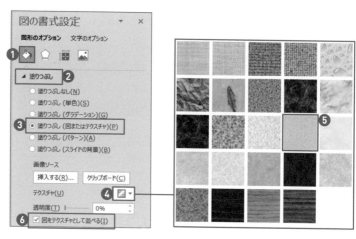

再生紙のテクスチャが設定されました。

03 テクスチャを選択した状態で、[図の形式] タブ❶→[アート効果]❷→[白黒コピー]❸を選択します。

粗い紙のようなテクスチャになりました。

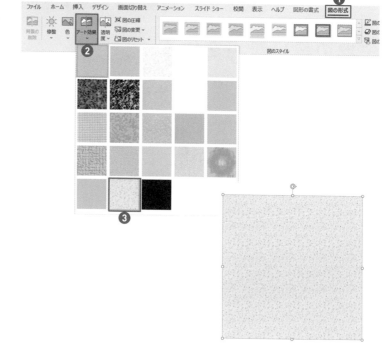

04 続いて、［図の書式設定］ウィンドウ →［図形のオプション］**①**→［効果］**②**→［アート効果］**③**→［詳細:0］**④**に設定します。

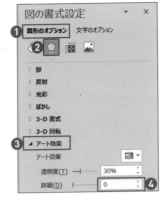

粗さが和らぎ、黒い斑点が表現できました。

生地の地の目を作る

糸が交差して織られているような生地の地の目を加えます。

01 2回目の［アート効果］を適用するために、テクスチャを図形から画像に変換します。テクスチャを Ctrl + X キーで切り取った状態でスライドを右クリックしてメニューを開き、［貼り付けのオプション:図］**①**をクリックします。

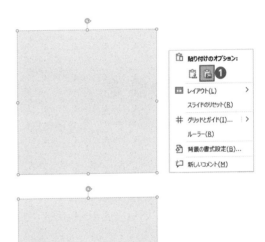

テクスチャが画像として貼り付きました。

02 テクスチャを選択した状態で、［図の形式］タブ**①**→［アート効果］**②**→［パステル:滑らか］**③**を選択します。

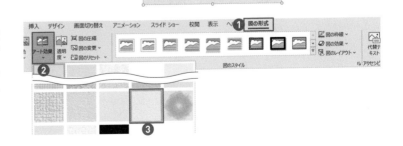

➡つづく　　79

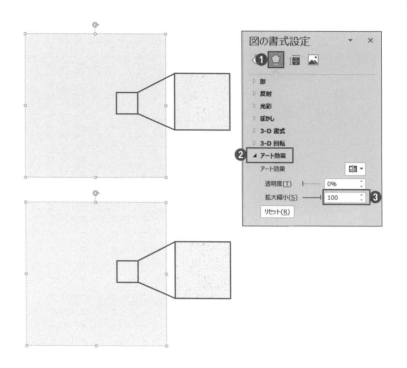

03 ［パステル：滑らか］が適用されました。

変化が少ないので適用量を上げます。

04 ［図の書式設定］ウィンドウ →［効果］❶→［アート効果］❷→［拡大縮小：100］❸に設定します。

生地の地の目のような模様が薄っすら浮かび上がりました。

色と質感の設定

生地の地の目をくっきりさせ、色を薄黄色にして生成り生地感を出します。

01 テクスチャを選択した状態で、［図の書式設定］ウィンドウ →［図］❶→［図の修整］→［コントラスト：-20%］❷、［図の色］→［温度：8,800］❸に設定します。

［温度］の値で生成り色の調整ができます。

生成り色と質感が表現できました。生成り生地テクスチャの完成です。

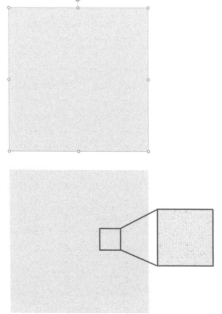

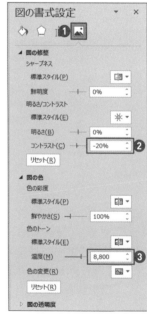

07 / ハーフトーンを作る

組み合わせ例 // 生成り生地テクスチャ▶77、バクダンフレーム▶110

POINT / ハーフトーン（網点）は手動で円を並べると作れますが、膨大な作業量になります。そこで、[グラフ]で並べた円をExcelの値で連続的に縮小させて作ると効率的です。

準備

01 [挿入] タブ❶→[グラフ] ❷をクリックします。

02 [グラフの挿入] ダイアログボックスが開くので、[散布図] ❶→[バブル] ❷を選択し、[OK] ボタンをクリックします。

➡つづく

03 グラフが挿入され、同時にExcelのウィンドウが開きます。Excelの値を変更するとグラフも変動します。今回はグラフが網点になるように値を入力し、グラフから取り出して利用します。

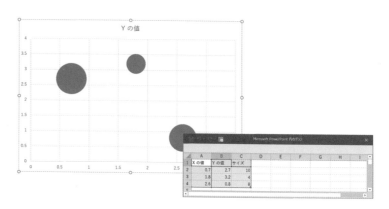

04 グラフを［高さ:15cm］［幅:15cm］に設定します。

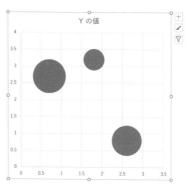

05 グラフの右上の［＋］ボタン❶をクリックし、［グラフ要素］のチェックをすべてはずします❷。

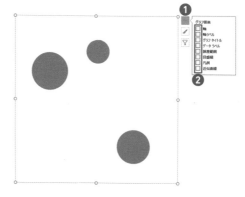

06 ［グラフエリアの書式設定］ウィンドウ →［グラフのオプション］右側の「下矢印」ボタン（∨）❶をクリックし、［系列"Yの値"］❷をクリックします。

07 [データ系列の書式設定]ウィンドウに移動するので、[系列のオプション]❶→[バブルサイズの調整：15]❷に設定します。

グラフがスッキリしました。以上で準備完了です。

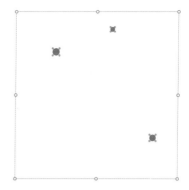

Excelに値を入力する

Excelに値を入力し、円が連続的に縮小するように並べます。

01 [Xの値]の2行目から40行目までを「0、1、0、1、0…」と0と1を交互に入力します。[Yの値]と[サイズ]は、2行目から40行目までを「1、2、3、4、5…」と連続する値を「39」まで入力します。

	A	B	C
1	Xの値	Yの値	サイズ
2	0	1	1
3	1	2	2
4	0	3	3
5	1	4	4
6	0	5	5
7	1	6	6
8	0	7	7
9	1	8	8
10	0	9	9
11	1	10	10
12	0	11	11
13	1	12	12
14	0	13	13
15	1	14	14
16	0	15	15
17	1	16	16
18	0	17	17
19	1	18	18
20	0	19	19
21	1	20	20
22	0	21	21
23	1	22	22
24	0	23	23
25	1	24	24
26	0	25	25
27	1	26	26
28	0	27	27
29	1	28	28
30	0	29	29
31	1	30	30
32	0	31	31
33	1	32	32
34	0	33	33
35	1	34	34
36	0	35	35
37	1	36	36
38	0	37	37
39	1	38	38
40	0	39	39

連続するデータは、Excelの「オートフィル」機能を使うと簡単に入力できます。

02 図のように円が縮小しながら2列並んでいれば成功です。この並んだ円を網点として利用します。

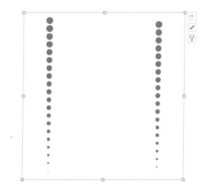

➡つづく　83

網点をグラフから取り出す

01 グラフを Ctrl + X キーで切り取った状態で Ctrl + Alt + V キーを押し、[形式を選択して貼り付け] ダイアログボックスを開きます。[貼り付ける形式] から [画像 (SVG)] ❶ を選択し、[OK] ボタン❷をクリックします。

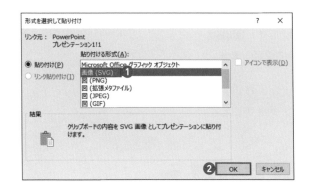

SVG 形式で貼り付きました。

02 グラフを選択した状態で、Ctrl + Shift + G キーでグループ化を2回解除します。

> グループ化を解除したときに表示される警告メッセージは、[はい] をクリックします。

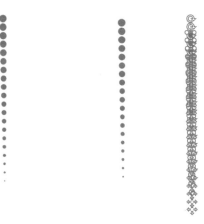

03 2列の網点をそれぞれ Ctrl + G キーでグループ化し、[塗りつぶし] を [色:黒] [透明度:0%] に設定します。2種類の網点パターンができました。

> 楕円になっている網点が気になる場合は手動で整えましょう。作例はそのまま進めています。

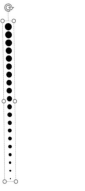

網点パターンを並べる

2種類の網点パターンを交互に並べてハーフトーンを作ります。

01 2種類の網点パターンを図のように少し重ね合わせます。

02 重ね合わせた網点パターンを Ctrl + Shift キーを押しながら右に1つ複製してから F4 キーで連続複製します。

03 最終列の網点パターンは削除し、Ctrl + A キーですべて選択して[左右に整列](13ページ)できれいに整えましょう。

完成

ハーフトーンの完成です。

08 / 虹色グラデーションを作る

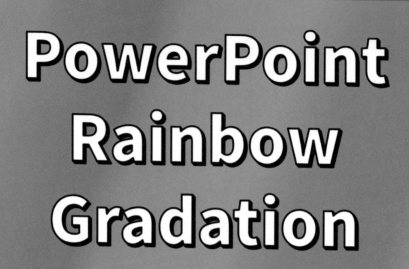

組み合わせ例 // 立体文字 ▶208

POINT / 虹色グラデーションは[ペン]の色から選べる[レインボー]で簡単に作れます。インクを図形やテキストに変換し、塗りつぶしや線を虹色グラデーションにする手順がポイントです。

準備

01 [描画]タブ❶→[ペン]❷→[レインボー]❸をクリックします。

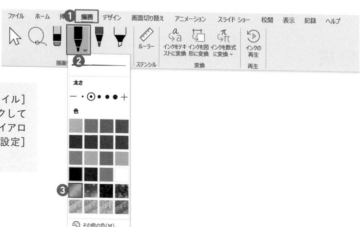

[描画]タブがないときは、[ファイル]タブ→[オプション]をクリックして[PowerPointのオプション]ダイアログボックスの[リボンのユーザー設定]で[描画]にチェックを入れます。

02 マウスをドラッグしながら虹色ペンで描画できるので、適当なサイズで円を描きましょう。フリーハンドでの描画は少し難しいかもしれませんが、小さめサイズの円にすると描きやすくなります。

03 Esc キーを押してペンの描画を終了して準備完了です。

テキストの塗りつぶしに虹色を設定する

01 ペンで描いた円を選択した状態で、[描画]タブ ❶ →[インクをテキストに変換]❷ をクリックします。

02 インクからテキストの「〇」に変換されました ❸。

03 [文字の塗りつぶし]を確認すると❹、虹色グラデーションが設定されています。なぜか[塗りつぶしなし]が選択された状態になります。

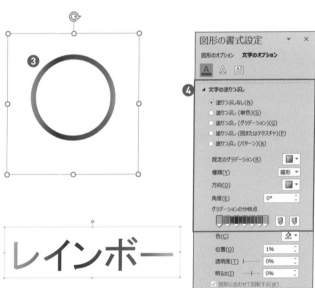

04 好きな文字を入力して使いましょう。

図形の塗りつぶしと線に虹色を設定する

インクをテキストに変換する前の状態から操作してください。

01 ペンで描いた円を選択した状態で、[描画]タブ ❶ →[インクを図形に変換]❷ をクリックします。

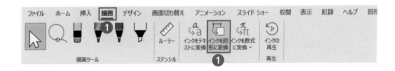

➡つづく   87

インクから図形の円に変換されました。

変換される図形の形状は、インクの形や［既定のテキストボックス］の設定により異なります。

02 図形の［塗りつぶし］を確認すると、虹色グラデーションが［透明度：95％］❶で設定されています。虹色が透過している状態なので、次の手順で［透明度：0％］にし、透過していない状態にします。

03 ［塗りつぶし］の設定を［塗りつぶしなし］❶→［塗りつぶし（グラデーション）］❷の順に選択すると［透明度：0％］❸になります。

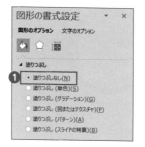

04 透過していた虹色が現れました。図形の塗りつぶしと線に虹色グラデーションを設定できました。

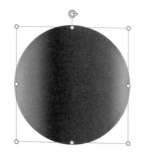

別の図形に虹色を設定する

01 虹色の図形を選択した状態で、[図形の書式設定]ウィンドウ→[文字のオプション]❶→[テキストボックス]❷→[自動調整なし❸をクリックします。

02 虹色の図形を別の図形に変更する場合は、[図形の書式]タブ❶→[図形の編集]❷→[図形の変更]❸から行います。

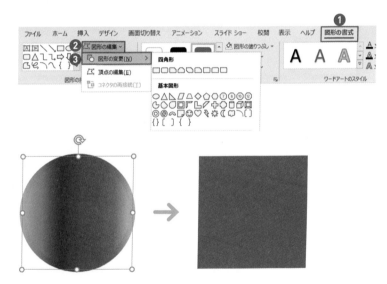

03 別の図形を虹色にしたい場合は、虹色の図形の書式を Ctrl + Shift + C キーでコピーし、虹色にしたい図形に Ctrl + Shift + V キーで書式を貼り付けると簡単です。

書式を貼り付ける

完成

別の図形に虹色グラデーションを適用できました。

09 / 鉛筆テクスチャで
スケッチ風文字を作る

組み合わせ例 // 手描き風図形 ▶49、生成り生地テクスチャ ▶77、シンプルリボン ▶150

POINT / 鉛筆で塗りつぶしたようなスケッチ風文字の作り方をご紹介します。文字の塗りつぶしに「鉛筆テクスチャ」を適用して手描き風に加工するテクニックです。

鉛筆テクスチャを作る

01 ［ホーム］タブ → ［図形描画］→ ［正方形/長方形］をクリックします❶。正方形を ［高さ:10cm］［幅:10cm］で描き、［塗りつぶし］を ［色:黒］に設定します❷。

02 正方形を Ctrl + X キーで切り取った状態でスライドを右クリックしてメニューを開き、［貼り付けのオプション:図］❸をクリックします。
正方形が画像として貼り付きました。

03 画像を選択した状態で、
[図の形式]タブ❶→
[アート効果]❷→[鉛
筆：モノクロ]❸をクリッ
クします。

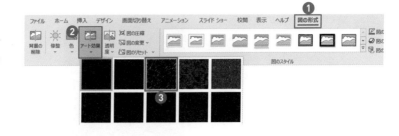

鉛筆の塗りつぶしが細か
くなりました。

04 画像を選択した状態で、
[図の書式設定]ウィン
ドウ→[効果]❶→[アー
ト効果]❷→[鉛筆のサ
イズ：20]❸に設定しま
す。

鉛筆の塗りつぶしがくっ
きりしました。

05 画像を選択した状態で、
[図の書式設定]ウィン
ドウ→[図]❶→[図の
修整]と[図の色]を次
のように設定します。

鮮明度：100%❷
明るさ：20%❸
コントラスト：100%❹
鮮やかさ：0%❺

[明るさ]の値で塗りつぶす
密度の調整ができます。

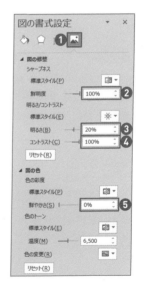

白黒2階調になり、鉛筆
の塗りがくっきりしまし
た。

➡つづく

07 続いて、画像の白色部分を透過させて背景色が見えるようにします。

背景色を設定すると、白色部分が透過されていないことが確認できます。

08 画像を選択した状態で、[図の形式]タブ❶→[色]❷→[透明色を指定]❸をクリックします。

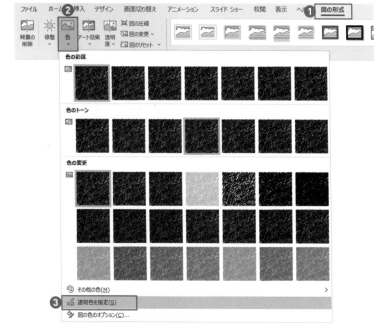

09 マウスポインターの形が⌖に変わるので、画像の白色部分にマウスポインターを合わせてクリックします。

画像を選択した状態で、[Ctrl]キーを押しながらマウスホイールを回転させると、画像を中心に画面を拡大できるので作業がしやすくなります。

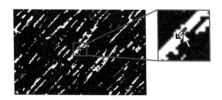

10 画像の白色部分が透過され背景色が見えました。鉛筆テクスチャの完成です。

文字にテクスチャを適用する

01 スケッチ風にしたい文字を用意します。作例のフォントは［源ノ角ゴシック JP Medium］を［72pt］で使用しています。

02 テクスチャを Ctrl + C キーでコピーします。

03 テキストボックスを選択した状態で、［図形の書式設定］ウィンドウ→［文字のオプション］**①**→［文字の塗りつぶしと輪郭］**②**→［文字の塗りつぶし］**③**→［塗りつぶし（図またはテクスチャ）］**④**→［クリップボード］**⑤**をクリックします。

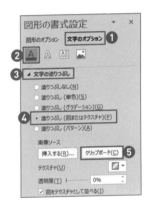

文字が鉛筆で塗りつぶしたようになりました。

完 成

［線］を［色：黒］［幅：2pt］に設定します。
スケッチ風文字の完成です。

［図をテクスチャとして並べる］にチェックを入れると、以下の項目でテクスチャの位置やサイズの調整ができます。

✓ 図をテクスチャとして並べる(I)	
横方向に移動(O)	0 pt
縦方向に移動(E)	0 pt
幅の調整(X)	100%
高さの調整(Y)	50%
配置(L)	左上
反転の種類(M)	なし
☐ 図形に合わせて回転する(W)	

10 / グランジ加工用テクスチャを作る

組み合わせ例 // -

POINT / グランジテクスチャを作り、文字や図形にかすれ加工する方法をご紹介します。大理石テクスチャからグランジテクスチャに仕上げる手順がポイントです。

大理石を加工する

01 ［ホーム］タブ →［図形描画］→［正方形/長方形］をクリックします❶。正方形を［高さ:20cm］［幅:20cm］で描き、［線なし］に設定します❷。

02 正方形を選択した状態で、[図の書式設定]ウィンドウ→[図形のオプション] ❶→[塗りつぶしと線] ❷→[塗りつぶし] ❸→[塗りつぶし（図またはテクスチャ）] ❹→[テクスチャ] ❺→[大理石（緑）] ❻をクリックし、[図をテクスチャとして並べる] ❼にチェックを入れます。

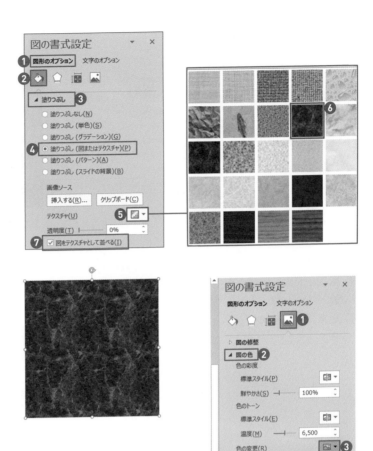

03 この大理石テクスチャをグランジテクスチャに加工します。

04 テクスチャを選択した状態で、[図の書式設定]ウィンドウ→[図形のオプション]→[図] ❶→[図の色] ❷→[色の変更] ❸→[白黒：25％] ❹をクリックします。

テクスチャが白黒になりました。

05 続いて、テクスチャを選択した状態で、[図の書式設定]ウィンドウ→[図形のオプション]→[図]→[図の修整] ❶→[コントラスト：80％] ❷に設定します。

黒色の割合が増えました❸。

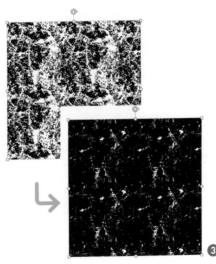

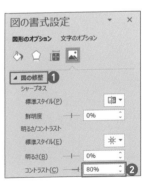

➡つづく　　95

好 き な 色 を 設 定 す る

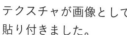 テクスチャを Ctrl + X キーで切り取った状態で右クリックしてメニューを開き、［貼り付けのオプション：図］をクリックします。

テクスチャが画像として貼り付きました。

02 テクスチャを選択した状態で、［図の形式］タブ ❶ →［色］❷ →［透明色を指定］❸ をクリックします。

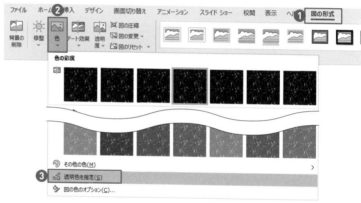

03 マウスポインターの形が変わるので、テクスチャの黒色部分をクリックします。

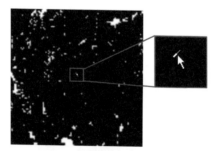

テクスチャの黒色部分が透過されました。

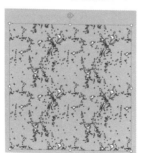

説明のため背景色を変更しています。

04 黒縁が残っているので削除します。
テクスチャを選択した状態で、[図の書式設定]ウィンドウ→[図]❶→[図の修整]❷→[コントラスト：100％]❸に設定します。

黒縁がなくなりました❹。

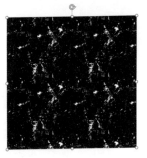

05 テクスチャの塗りつぶしに色が設定できる状態になったので、好きな色にしましょう。作例は黒色にしています。

白色部分を透過させる

今の状態でテクスチャを画像化すると白色の周囲に黒縁がつく不具合があるので、SVG形式を経由して画像化します。

01 テクスチャを Ctrl + X キーで切り取った状態で Ctrl + Alt + V キーを押し、[形式を選択して貼り付け]ダイアログボックスを開きます。[貼り付ける形式]から[画像（SVG）]❶を選択し、[OK]ボタン❷をクリックします。

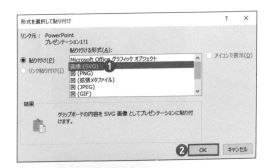

02 SVG形式で貼り付きました。

以降の処理をすると色変更できなくなるので、SVG形式のテクスチャは保存しておきましょう。

03 続いて、テクスチャを Ctrl + X キーで切り取った状態で右クリックしてメニューを開き、[貼り付けのオプション：図] をクリックします。

04 テクスチャが画像として貼り付きました。

05 テクスチャを選択した状態で、[図の形式] タブ → [色] ❶ → [透明色を指定] ❷ をクリックします。

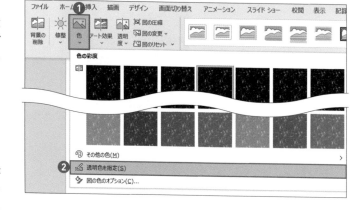

06 マウスポインターの形が に変わるので、テクスチャの白色部分をクリックします。

> テクスチャを選択した状態で Ctrl キーを押しながらマウスホイールを回転させると、テクスチャを中心に画面を拡大できるので作業がしやすくなります。

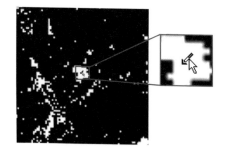

07 テクスチャの白色部分が透過されました。説明のため背景色を変更しています。

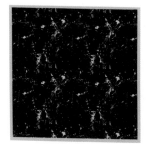

グランジテクスチャの完成です。

文字をグランジ加工する

01 グランジ加工したい文字を用意します。作例のフォントは[Impact]を[96pt]で使用しています。

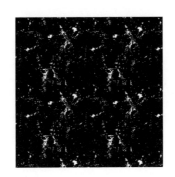

02 グランジテクスチャを[Ctrl]+[C]キーでコピーします。

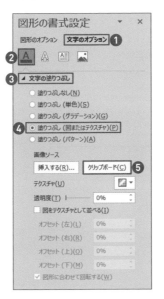

03 テキストボックスを選択し、[図形の書式設定]ウィンドウ→[文字のオプション]❶→[文字の塗りつぶしと輪郭]❷→[文字の塗りつぶし]❸→[塗りつぶし(図またはテクスチャ)]❹→[クリップボード]❺をクリックします。

完成

文字にグランジ加工ができました。

スライドがＡ４サイズにならない件

PowerPointでスライドをA4サイズに設定するときは注意が必要です。

① [スライドのサイズ] ダイアログボックスの [スライドのサイズ指定] 一覧から [A4 210 × 297mm] を選択すると [幅：27.517cm] [高さ：19.05cm] となります。この謎のサイズはA4サイズではありません。

② A4サイズの新規ファイルを作りたいときは、[スライドのサイズ] ダイアログボックスの [幅] と [高さ] にA4サイズの値を直接入力します。

> [スライドのサイズ指定：A4 210 × 297mm] を選択して作ったデータも正しいA4サイズに復旧できます。
> [スライドのサイズ] ダイアログボックスの [幅] と [高さ] に正しいA4サイズの値を入力し①、[OK]ボタンをクリックします②。次に表示されるダイアログボックスで [最大化] をクリックします③。
> スライドを確認し、ずれているオブジェクトがあれば再調整して復旧完了です。

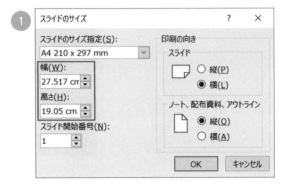

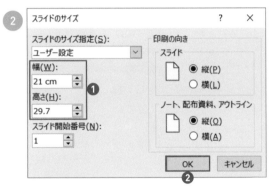

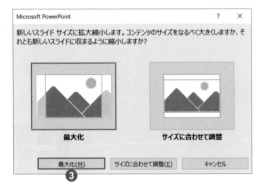

Chapter

3

吹き出し＆
フレームの神業

01 / まんまる吹き出しを作る

組み合わせ例 // 漫画風集中線▶39、水玉模様▶61、ストライプ▶64、アーチ状文字▶190

POINT / シンプルなまんまる吹き出しの作り方をご紹介します。吹き出しのしっぽを図形の［二等辺三角形］ではなく、［フローチャート：組合せ］で作る手順がポイントです。

まんまる吹き出しを作る

01 ［ホーム］タブ →［図形描画］→［フローチャート：組合せ］をクリックします❶。［フローチャート：組合せ］を［高さ：0.7cm］［幅：0.8cm］で描いて［線なし］に設定し、Alt ＋ ← キーを3回押して左に［45°］回転させます❷。

02 続いて、[ホーム] タブ → [図形描画] → [楕円] をクリックします**❶**。正円を [高さ:5cm] [幅:5cm] で描き、[線なし] に設定します**❷**。

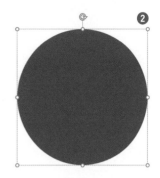

03 正円と[フローチャート:組合せ]を右下揃え（13ページ）で配置します。

吹き出しのしっぽを[二等辺三角形]で作ると、調整ハンドルが妨げになり、長さ調整がうまくできません。

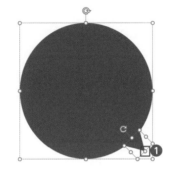

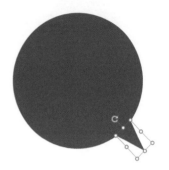

吹き出しのしっぽの長さは、[フローチャート:組合せ]の下中央のサイズ変更ハンドル**❶**をドラッグして変更できます。

04 続いて、[Shift] キーを押しながら [正円] → [フローチャート:組合せ] の順に選択し、[図形の書式] タブ → [図形の結合] **❶** → [接合] **❷** をクリックします。

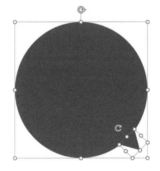

結合すると吹き出しのしっぽの調整ができなくなるので、結合前のデータを保存しておきましょう。

完成

[塗りつぶし] を [色:白] に、[線] を [色:黒] [幅:3pt] [線の結合点:丸] に設定します。まんまる吹き出しの完成です。

02 / なみなみ円フレームを作る

組み合わせ例 // ストライプ▶64、シンプルリボン▶150、三角フラッグガーランド▶170

POINT / なみなみ円フレームを図形の［星：12pt］の頂点を丸くして作る方法をご紹介します。［星：12pt］で描くギザギザフレームよりも、ゆるっとした使いやすいフレームになるのでおすすめです。

なみなみ円フレームを作る

01 ［ホーム］タブ →［図形描画］→［星：12pt］をクリックします❶。［星：12pt］を［高さ：10cm］［幅：10cm］で描き、［線なし］に設定します❷。

02 調整ハンドルを上にドラッグし、ギザギザの角度を調整します。ギザギザの山と谷の頂点が丸くなるイメージです。

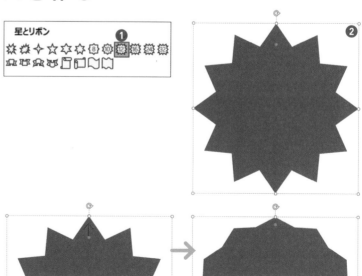

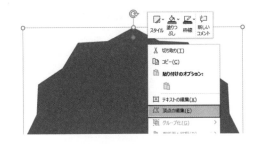

03 ギザギザの角度が決まったら、[星:12pt] を右クリックしてメニューを開き、[頂点の編集] をクリックします。

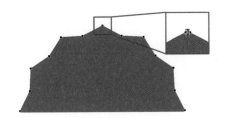

04 図のように [星:12pt] の一番上の頂点にマウスポインターを合わせます。

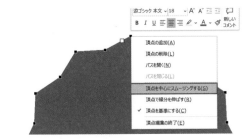

05 マウスポインターの形が✛になった状態で頂点を右クリックしてメニューを開き、[頂点を中心にスムージングする] をクリックします。

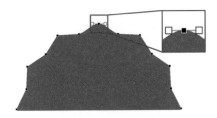

頂点が丸くなりました。

06 手順4〜5を [星:12pt] の山の頂点に左回りで実行していきます。谷の頂点には実行しなくて大丈夫です。

右回りで実行するときれいな曲線になりません。

➡つづく 105

07 最後の山は同じ処理をすると形状が崩れるので別の方法で丸くします。
丸くしたい山の線分にマウスポインターを合わせます。

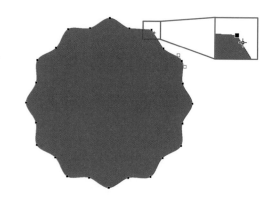

08 マウスポインターの形が✛になった状態で頂点を右クリックしてメニューを開き、[線分を曲げる]をクリックします。

09 線分が曲がりました。
同じように山の反対側の線分も曲げます。

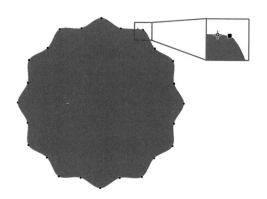

完 成

なみなみ円フレームの完成です。

03 / クッキー型フレームを作る

組み合わせ例 // ストライプ▶64、シンプルリボン▶150、三角フラッグガーランド▶170

POINT / クッキー型フレームを［SmartArt］で作る方法をご紹介します。［SmartArt］の円の数をお好みで調整すると、いろいろな形状のクッキーが焼き上がります。かわいく目立たせたいときに効果的なフレームです。

クッキー型フレームを作る

01 ［挿入］タブ ❶→［SmartArt］❷ をクリックします。

02 ［SmartArtグラフィックの選択］ダイアログボックスが開くので、［循環］❶→［基本の循環］❷を選択し、［OK］ボタン❸をクリックします。

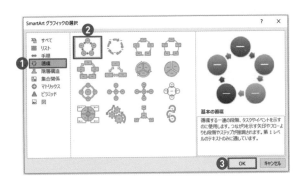

➡つづく　107

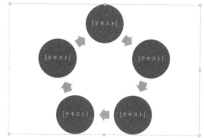

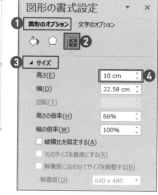

03 SmartArtがスライドに挿入されます。

SmartArtを選択した状態で、[図形の書式設定]ウィンドウ→[図形のオプション]❶→[サイズとプロパティ]❷→[サイズ]❸→[高さ:10cm]❹に設定します。

04 続いて、[SmartArtツールのデザイン]タブ❶→[図形の追加]ボタン❷を11回クリックして円を追加します。

円が合計16個並びました。

05 Shift キーを押しながら円をすべてクリックして選択します。

06 円を選択した状態で、[図形の書式設定]ウィンドウ→[図形のオプション]❶→[サイズとプロパティ]❷→[サイズ]❸→[高さ:2.5cm][幅:2.5cm]❹に設定します。

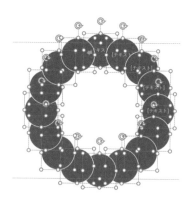

円が繋がり、穴の開いたクッキー型になりました。

07 ［ホーム］タブ →［図形描画］→［楕円］を選択します。

08 正円を［高さ：8cm］［幅：8cm］で描き、SmartArtと上下左右中央揃え（13ページ）で配置します。

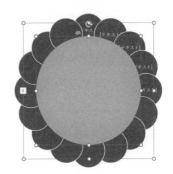

09 SmartArtを選択した状態で、Ctrl + Shift + G キーでグループ化を2回解除します。

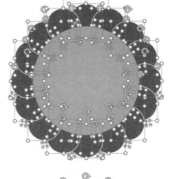

説明のため色を変えていますが、同じ色でOKです。

10 Ctrl + A キーで図形をすべて選択し、［図形の書式］タブ →［図形の結合］❶ →［接合］❷ をクリックします。

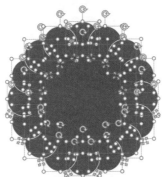

完成

クッキー型フレームの完成です。

04 / バクダンフレームを作る

組み合わせ例 // ストライプ▶64、シンプルリボン▶150、三角フラッグガーランド▶170

POINT / かわいいバクダンフレームを[SmartArt]で作る方法をご紹介します。ギザギザの形状よりもポップに強調できるフレームです。特殊な影をつけて漫画風バクダンフレームを作る手順もポイントです。

バクダンフレームを作る

01 [挿入]タブ❶→[SmartArt]❷をクリックします。

02 [SmartArtグラフィックの選択]ダイアログボックスが開くので、[循環]❶→[基本の循環]❷を選択し、[OK]ボタン❸をクリックします。

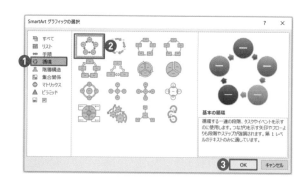

03 SmartArt がスライドに挿入されます。

SmartArt を選択した状態で、[図形の書式設定] ウィンドウ → [図形のオプション] **①** → [サイズとプロパティ] **②** → [サイズ] **③** → [高さ：10cm] **④** に設定します。

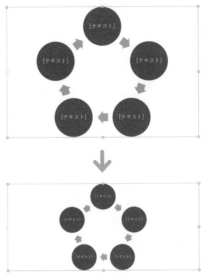

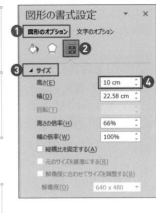

04 続いて、[SmartArt ツールのデザイン] タブ **①** → [図形の追加] ボタン **②** を11回クリックして円を追加します。

円が合計16個並びました。

05 [Shift] キーを押しながら矢印をすべてクリックして選択します。

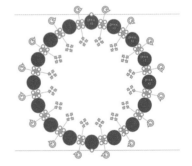

06 矢印を選択した状態で、[書式] タブ **①** → [図形の変更] **②** → [楕円] **③** をクリックします。

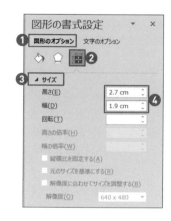

07 図形が矢印から楕円に変わりました。

楕円を選択した状態で、[図形の書式設定] ウィンドウ →[図形のオプション]❶→[サイズとプロパティ]❷→[サイズ]❸→[高さ:2.7cm][幅:1.9cm]❹に設定します。

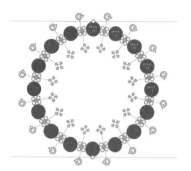

> 楕円を拡大すると、SmartArtの中央の白抜き部分がバクダンフレームの形状になります。この形状を図形にして抜き出します。

08 SmartArtを選択した状態で、Ctrl + Shift + G キーでグループ化を2回解除します。

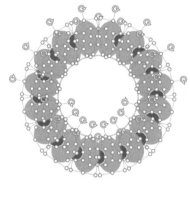

09 [ホーム] タブ →[図形描画]→[正方形/長方形]❶をクリックします。

10 SmartArtの横に適当なサイズの四角形を描き❷、[線なし] に設定します。

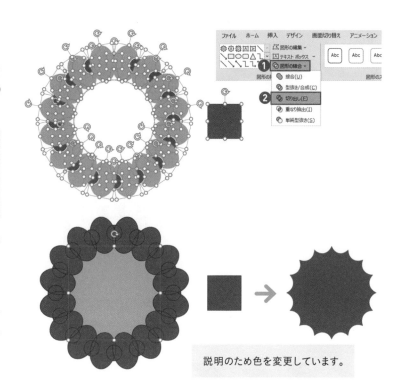

11 Ctrl + A キーで図形を
すべて選択し、[図形の
書式]タブ →[図形の結
合]❶→[切り出し]❷
をクリックします。

> 結合時にバクダンフレー
> ムのプレースホルダー
> が傾かないように、四角
> 形と一緒に結合してい
> ます。

中央の白抜き部分が図形
になりました。

不要な図形を削除し、バ
クダンフレームの完成で
す。

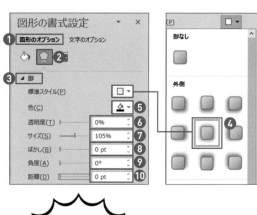

説明のため色を変更しています。

漫画風バクダンフレームを作る

バクダンフレームの[塗りつぶし]を[色:白]にし、
[図形の書式設定]ウィンドウ →[図形のオプショ
ン]❶→[効果]❷→[影]❸を次のように設定しま
す。

標準スタイル:オフセット中央❹
色:黒❺
透明度:0%❻
サイズ:105%程度❼
ぼかし:0pt❽
角度:0°❾
距離:0pt❿

影でつけた線は通常の線と比べ、線幅に強弱がつき
ます。

影でつけた線

113

組み合わせ例 // 生成り生地テクスチャ▶77、グランジテクスチャ▶94

POINT / エアメール風フレームの作り方をご紹介します。エアメールの特徴であるトリコロールカラーのフレームは、図形の[フレーム]を2色のストライプパターンで塗りつぶして作ると簡単です。

繰り返しオブジェクトを作る

01 [ホーム]タブ→[図形描画]→[斜め縞]をクリックします。斜め縞を[高さ:3cm][幅:3cm]で描き、[塗りつぶし]を[色:濃い赤/RGB:192,0,0]に設定します❶。続いて、[ホーム]タブ→[図形描画]→[直角三角形]をクリックします。直角三角形を[高さ:1.5cm][幅:1.5cm]で描き、[塗りつぶし]を[色:青/RGB:0,102,204]に設定します❷。

02 斜め縞と直角三角形を右下揃え(13ページ)で配置します。

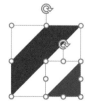

03 繰り返しオブジェクトを `Ctrl` + `Shift` キーを押しながら右にドラッグし、スマートガイドを目安にして図のようにぴったり合わせて複製します。

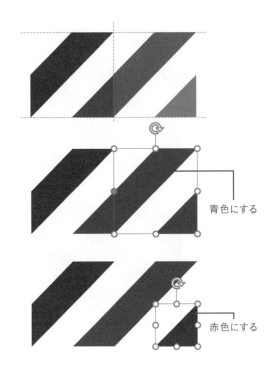

青色にする

04 複製した繰り返しオブジェクトの赤色と青色を入れ替えます。

赤色にする

05 続いて、色を入れ替えた繰り返しオブジェクトを `Ctrl` キーを押しながら左下にドラッグし、スマートガイドを目安にして図のようにぴったり合わせて複製します。

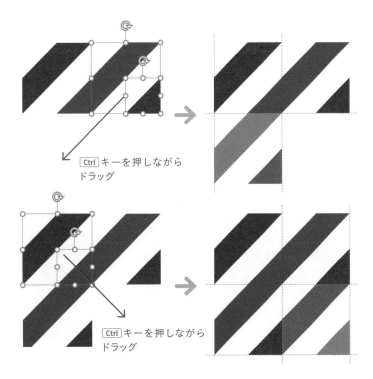

`Ctrl` キーを押しながらドラッグ

06 最後に左上の繰り返しオブジェクトを右下に複製して繋げます。

`Ctrl` キーを押しながらドラッグ

トリコロールの繰り返しオブジェクトの完成です。

07 中央の青帯を構成する3つの図形を選択した状態で、[図形の書式] タブ → [図形の結合] ❶ → [接合] ❷ をクリックします。

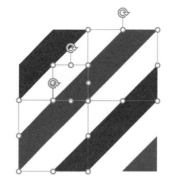

08 同じように中央の赤帯を構成する3つの図形も [接合] します。

結合しておくとテクスチャとして並べたときに連結部分がずれません。

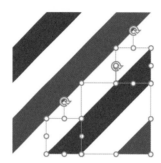

フレームにパターンを設定する

スライドサイズ [ワイド画面 (16:9)] の新規プレゼンテーションで作成を進めます。

01 [ホーム] タブ → [図形描画] → [フレーム] ❶ をクリックします。

02 ワイド画面 (16:9) のスライドに [フレーム] をスライドサイズで描きます。青いフレーム部分にパターンを適用するので、調整ハンドルをドラッグして幅を設定します。

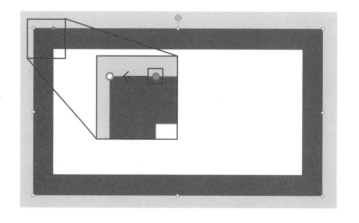

03 繰り返しオブジェクト [Ctrl] + [C] キーでコ
ピーします。

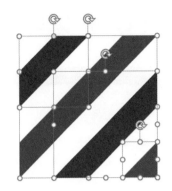

04 ［フレーム］を選択し、［塗りつぶし］を次の
ように設定します。

塗りつぶし（図またはテクスチャ）**①**
画像ソース：クリップボード**②**
［図をテクスチャとして並べる］にチェック**③**
横方向に移動：20.5pt **④**
幅の調整：64%**⑤**
高さの調整：64%**⑥**
配置：中央**⑦**

図の書式設定

図形のオプション　文字のオプション

▲ 塗りつぶし
　　○ 塗りつぶしなし(N)
　　○ 塗りつぶし (単色)(S)
　　○ 塗りつぶし (グラデーション)(G)
①　● 塗りつぶし (図またはテクスチャ)(P)
　　○ 塗りつぶし (パターン)(A)
　　○ 塗りつぶし (スライドの背景)(B)
　画像ソース
　　挿入する(R)...　　クリップボード(C) **②**
　テクスチャ(U)
　透明度(T) ├──────　0%
③　☑ 図をテクスチャとして並べる(I)
　横方向に移動(O)　20.5 pt **④**
　縦方向に移動(E)　0 pt
　幅の調整(X)　64% **⑤**
　高さの調整(Y)　64% **⑥**
　配置(L)　中央 **⑦**
　反転の種類(M)　なし
　☑ 図形に合わせて回転する(W)
▷ 線

完成

エアメール風フレームの完成です。

> PowerPointのバージョンにより、仕上
> がりが異なる場合があります。

06 / 抜け感フレームを作る

組み合わせ例 // 水玉模様 ▶ 61、三角フラッグガーランド ▶ 170、アーチ状リボン ▶ 177

POINT / かわいいデザインに使いやすい「抜け感フレーム」を図形の組み合わせで作る方法をご紹介します。ポイントとなる抜け感は、「開いた枠線」や「ずらした図形」で演出します。

開いた枠線を作る

スライドサイズ［ワイド画面（16:9）］の新規プレゼンテーションで作成を進めます。

01 スライドを右クリックしてメニューを開き、［背景の書式設定］をクリックします❶。［背景の書式設定］ウィンドウが開くので、背景の［塗りつぶし］を［色：ローズ / RGB: 255,153,153］に設定します❷。

スライドの背景色がローズになりました。

02 続いて、［ホーム］タブ→［図形描画］→［ブローチ］❶をクリックします。

03 ［ブローチ］を［高さ：17.1cm］［幅：31.9cm］で描き、スライドと上下左右中央揃えで配置します。

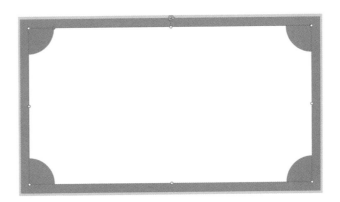

04 続いて、［ホーム］タブ→［図形描画］→［円弧］❶をクリックします。

05 ［円弧］を［高さ：2cm］［幅：2cm］で描き、［塗りつぶし］を［塗りつぶしなし］に［線］を［色：茶／RGB：70,20,0］［幅：3pt］［線の先端：丸］に設定します。

➡つづく 119

06 [円弧] をスライドの左下揃え (13ページ) で配置します❶。

07 図のように [円弧] を複製・回転させながら、スライドのすべての角に配置しましょう。

08 図のように [ブローチ] の内側角丸が [円弧] のカーブに合う位置まで調整ハンドル❶をドラッグします。

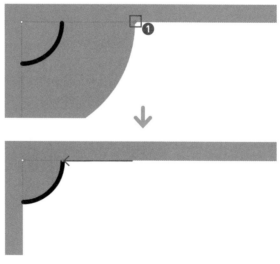

09 続いて、[ホーム] タブ → [図形描画] → [線] ❶をクリックします。

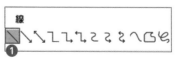

10 水平線［幅：29.1cm］と垂直線［高さ：14.3cm］を描き、［円弧］の書式を Ctrl + Shift + C キーでコピーし、線に Ctrl + Shift + V キーで貼り付けます。
図のように水平線と垂直線を［ブローチ］の4辺それぞれの中央に配置します。

抜け感がある開いた枠線ができました。

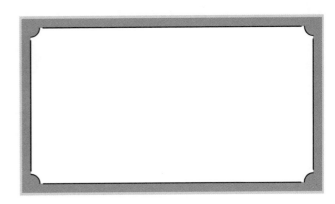

背景をずらして抜け感を出す

01 ［ブローチ］を選択した状態で、［図形の書式設定］ウィンドウ →［図形のオプション］❶ →［サイズとプロパティ］❷ →［位置］❸ →［横位置：1.2cm］［縦位置：1.2cm］❹に設定します。

> ［ブローチ］を選択した状態で、［矢印］キーで右下にずらしてもOKです。

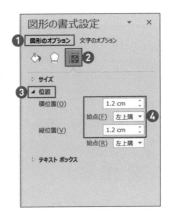

完成

版ずれしたような抜け感が演出できました。
抜け感フレームの完成です。

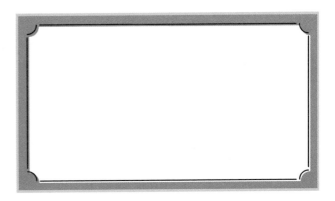

07 / くるりんフレームを作る

組み合わせ例　//　波線 ▶165、アーチ状リボン ▶177

POINT / 四角形の角の線がくるっと一回転した「くるりんフレーム」の作り方をご紹介します。図形の［八角形］の角を［頂点の編集］でくるりんとさせて、かわいいフレームを作りましょう。

くるりんフレームを作る

01 ［ホーム］タブ →［図形描画］→［八角形］❶
をクリックします。

02 八角形を［高さ:10cm］［幅:10cm］で描き、
［塗りつぶし］を［塗りつぶしなし］に［線］
を［色:黒］［幅:3pt］に設定します。

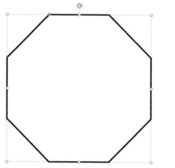

03 調整ハンドルを図のように左端の少し手前までドラッグします。

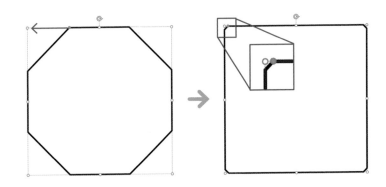

04 ［八角形］を右クリックしてメニューを開き、［頂点の編集］をクリックします。

05 頂点が編集できる状態になるので、左上のどちらかの頂点を右クリックしてメニューを開き、［頂点を中心にスムージングする］をクリックします。

左上の角がくるっとなりました。

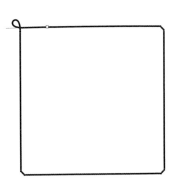

➡つづく 123

06 左下、右下の角も同じようにくるっとさせましょう。

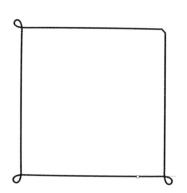

07 最後の右上の角は同じ処理をすると形状が崩れるので別の方法でくるっとします。細かな作業になるので、スライドを拡大して右上の角をアップにしましょう。
右上の線分にマウスポインターを合わせます❶。

08 マウスポインターの形が✛になった状態で、線分を右クリックしてメニューを開き、[線分を曲げる]をクリックします。

完 成

すべての角がくるっとなりました。
くるりんフレームの完成です。

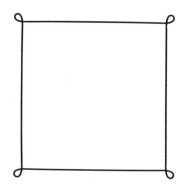

横長くるりんフレームを作る

01 くるりんフレームを図のように重ね合わせて横に並べます。中央のくるりんが蝶々結びの形状になる位置が目安です。

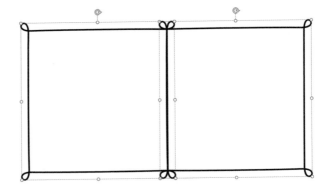

02 中央の線は、次の手順で結合したあと残らないように、完全に重なった状態よりも少しずらして配置しましょう。

03 2つのくるりんフレームを選択し、[図形の書式]タブ❶→[図形の結合]❷→[接合]❸をクリックします。

完成

かわいい横長くるりんフレームができました。

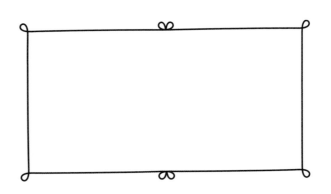

組み合わせ例 // ふんわり吹き出し ▶ 138

POINT / 本やノートが開いた風の本型フレームの作り方をご紹介します。文字の黒四角「■」をアーチ状に変形させて本が開いた形状を作る手順がポイントです。

本の片側の形状を作る

01 テキストボックスに[MSゴシック]で黒四角「■」を入力し、2回改行してから再度黒四角「■」を入力します❶。

02 テキストボックスを選択した状態で、[ホーム]タブ→[中央揃え]❷に設定します。

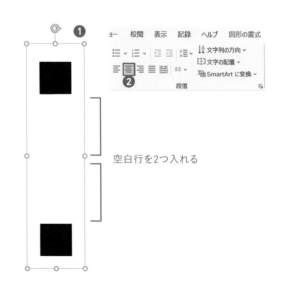

空白行を2つ入れる

03 テキストボックスを選択した状態で、[図形の書式] タブ❶→[文字の効果]❷→[変形]❸→[凹レンズ:上、凸レンズ:下]❹をクリックします。

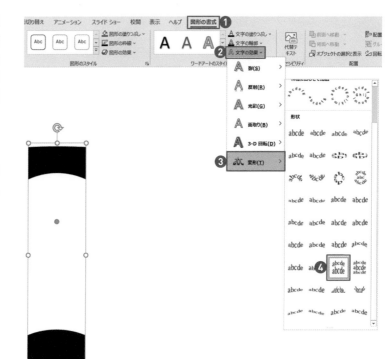

すると、2つの黒四角が図のような形状に変化します。

04 テキストボックスを[高さ:5cm][幅:3cm]に設定します。このテキストボックス内の白抜き部分が本の片側の形状になります。

05 調整ハンドル❶を最大まで上にドラッグして本の曲線を大きくします。

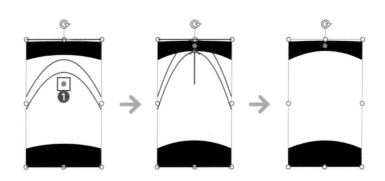

06 ［ホーム］タブ→［図形描画］→［正方形/長方形］❶をクリックします。
長方形を［高さ:4.5cm］［幅:2.5cm］で描き、［塗りつぶし］を［塗りつぶしなし］に［線］を［色:黒］［幅:2pt］［線の結合点:丸］に設定します。

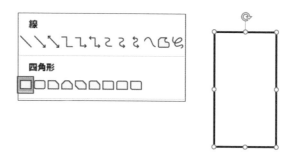

07 テキストボックスと長方形を上下左右中央揃え（13ページ）で配置します。

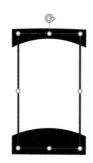

08 Shift キーを押しながら「長方形」❶→「テキストボックス」❷の順に選択し、［図形の書式］タブ→［図形の結合］❸→［切り出し］❹をクリックします。

09 図形がバラバラになるので、不要な図形を削除します。
本の片側の完成です。

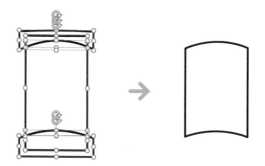

開いた本の形状を作る

01 本の片側を `Ctrl` + `Shift` キーを押しながら右にドラッグして複製し、左右対称になるように左右反転（13ページ）させます。

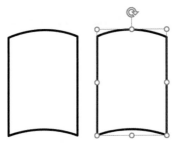

02 2つの図形をスマートガイドを目安にして図のようにぴったり合わせます。

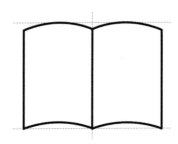

03 2つの図形を選択し、[図形の書式] タブ→[図形の結合] ❶ →[接合] ❷ をクリックします。

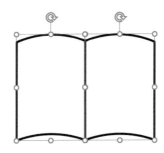
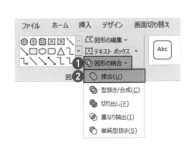

完成

開いた本型フレームの完成です。

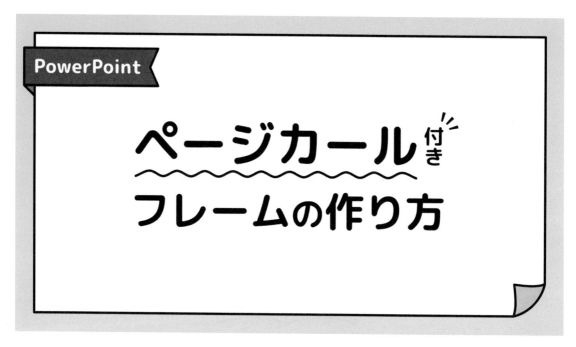

組み合わせ例 // 波線 ▶165

POINT / 紙の端がクルンとめくれた風のページカール付きフレームの作り方をご紹介します。紙は図形の［四角形：1つの角を切り取る］を使用し、紙のカールした部分は文字の黒三角「▲」を変形させて作ります。

ページカールを作る

01 テキストボックスに［MS ゴシック］で黒三角「▲」を入力します。

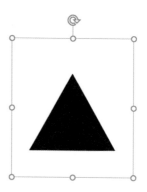

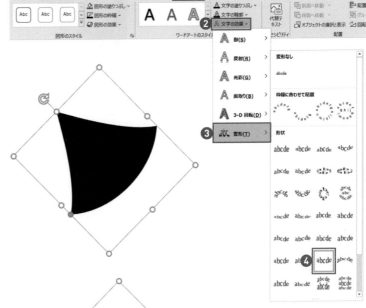

02 テキストボックスを
Alt キーを押しながら
← キーを3回押して左に
[45°] 回転させます。

03 テキストボックスを選択
した状態で、[図形の書
式] タブ❶→[文字の効
果] ❷→[変形] ❸→[凸
レンズ：下] ❹をクリッ
クします。

すると、黒三角が図のよ
うな形状に変化します。

04 [高さ：4cm] [幅：5cm]
に設定します。

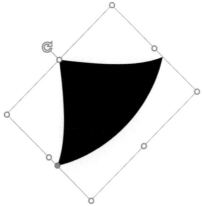

05 [ホーム] タブ → [図形描画] → [正方形／長
方形] ❶をクリックします。

➡つづく

06 黒三角の中に収まるように四角形を描き、[塗りつぶし]を[色:薄い灰色 / RGB：217,217,217]に[線]を[色:黒][幅:4pt][線の結合点:丸]に設定します。

07 Shift キーを押しながら「四角形」❶→「テキストボックス」❷の順に選択し、[図形の書式]タブ→[図形の結合]❸→[接合]❹をクリックします。

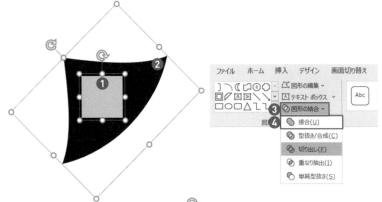

黒三角に四角形の書式が適応され、同時にプレースホルダーが水平になりました。

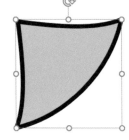

08 [高さ:2cm][幅:2cm]に設定し、ページカールの完成です。

ページカール付きフレームを作る

スライドサイズ［ワイド画面（16:9）］の新規プレゼンテーションで作成を進めます。

01 [ホーム]タブ→[図形描画]→[四角形:1つの角を切り取る]❶をクリックします。

02 ［四角形:1つの角を切り取る］を［高さ:16.7cm］［幅:31.5cm］で描き、［塗りつぶし］を［色:白］に、［線］を［色:黒］［幅:4pt］［線の結合点:丸］に設定します。設定後、上下反転（13ページ）し、スライドと上下左右中央揃え（13ページ）で配置します。

03 ページカールを Ctrl + Shift +] キーで［四角形:1つの角を切り取る］の前面に移動し、右下揃えで配置します❶。

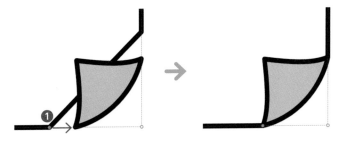

04 ［四角形:1つの角を切り取る］の調整ハンドル❶を移動させてページカールの角と合わせます。

> ページカールを選択した状態で、Ctrl キーを押しながらマウスホイールを回転させるとページカールを中心に画面を拡大できます。

完 成

ページカール付きフレームの完成です。

10 / 下線吹き出しを作る

組み合わせ例 // ストライプ ▶ 64、まんまる吹き出し ▶ 102

POINT / シンプルで使いやすい下線吹き出しの作り方をご紹介します。吹き出しのしっぽを[グラフ]で作り、図形の[線]を組み合わせて簡単に長さ調整できるようにします。

準備

01 [挿入]タブ❶→[グラフ]❷をクリックします。

02 [グラフの挿入]ダイアログボックスが開くので、[散布図]❶→[散布図（直線）]❷を選択し、[OK]ボタンをクリックします❸。

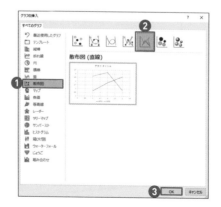

03 グラフが挿入され、同時にExcelのウィンドウが開きます。Excelの値を変更するとグラフも変動します。今回はグラフが吹き出しのしっぽの形状になるように値を入力し、グラフから取り出して利用します。

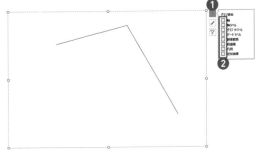

04 グラフの右上の［＋］ボタン❶をクリックし、［グラフ要素］のチェックをすべてはずして準備完了です❷。

Excelに値を入力する

Excelに値を入力し、折れ線を吹き出しのしっぽにします。

01 ［Xの値］に「1、2、3、4、5」、［Yの値］に「2、2、1、2、2」と入力します。

	A	B	C
1	X の値	Y の値	
2	1	2	
3	2	2	
4	3	1	
5	4	2	
6	5	2	

02 値が入力できたらグラフを確認しましょう。折れ線が吹き出しのしっぽになっていれば成功です。

吹き出しのしっぽを
グラフから取り出す

01 グラフを Ctrl ＋ X キーで切り取ります。

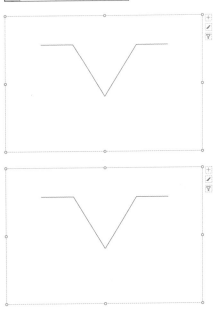

➡つづく　135

02 [Ctrl] + [Alt] + [V] キーを押し、[形式を選択して貼り付け] ダイアログボックスを開きます。[貼り付ける形式] から [画像 (SVG)] ❶ を選択し、[OK] ボタン ❷ をクリックします。

SVG 形式で貼り付きました。

03 [Ctrl] + [Shift] + [G] キーでグループ化を解除します。

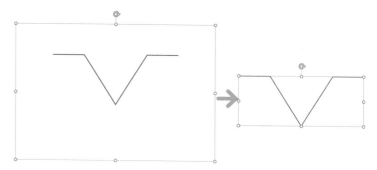

グループ化を解除したときに表示される警告メッセージは、[はい] をクリックします。

04 吹き出しのしっぽを [高さ:1cm] [幅:2.6cm] に変更し、[線] を [色:黒] [幅:2pt] [線の先端:四角] [線の結合点:角] に設定します。

吹き出しのしっぽに水平線を連結する

01 [ホーム] タブ → [図形描画] → [線] ❶ をクリックします。

02 垂直線を [幅:2cm] で描き ❶、吹き出しのしっぽの書式を [Ctrl] + [Shift] + [C] キーでコピーし ❷、垂直線に [Ctrl] + [Shift] + [V] キーで貼り付けます ❸。

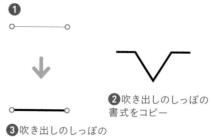

❷吹き出しのしっぽの書式をコピー

❸吹き出しのしっぽの書式を貼り付け

03 吹き出しのしっぽを水平線の左側にスマート
ガイドを目安にして図のようにぴったり連結
させます。

04 水平線を [Ctrl] + [Shift] キーを押しながらド
ラッグし、吹き出しのしっぽの左側に複製し
ます。

05 複製した水平線を選択した状態で、[図形の
書式設定] ウィンドウ → [サイズとプロパ
ティ] ❶→ [サイズ] ❷→ [回転：180°] ❸に
設定します。

> [180°]回転させて基準点を左から右に変更して
> います。

06 吹き出しのしっぽと右側の水平線を選択し❶、
[Shift] キーを押しながら複製した水平線の
右側にスマートガイドを目安にして図のよう
にぴったり連結させます。

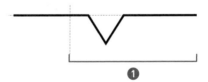

完成

長さ調整できる下線吹き出しの完成です。

下線吹き出しの長さは、[Shift] キーを押
しながら左右の水平線を選択した状態で、
[図形の書式設定] ウィンドウ → [サイズ
とプロパティ] → [サイズ] → [幅] ボック
スのスピンボタン（▲/▼）をクリックして
伸縮させます。

11 / ふんわり吹き出しを作る

組み合わせ例 // 水玉模様 ▶ 61

POINT / ふんわりした吹き出しを文字を変形させて作る方法をご紹介します。ふんわり円は黒丸「●」、吹き出しのしっぽは黒三角「▲」を変形させて作る手順がポイントです。

ふんわり円を作る

01 テキストボックスに「MS ゴシック」で黒丸「●」を入力します。

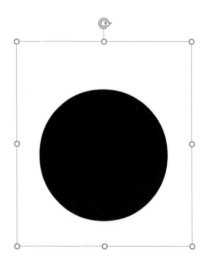

02 テキストボックスを選択した状態で、[図形の書式] タブ①→[文字の効果]②→[変形]③→[凹レンズ]④をクリックします。

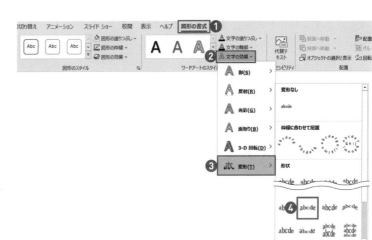

黒丸がぷにっとした形状になりました。

03 調整ハンドル①を少し上にドラッグし、図のようなふんわり円になるようにします。

調整ハンドルでふんわり感を調整できます。

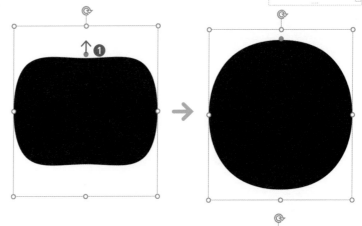

04 形状を決めたら、テキストから図形に変換します。ふんわり円の中に収まるように四角形を描き、[線なし] に設定します①。

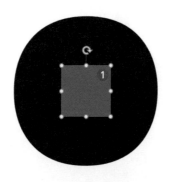
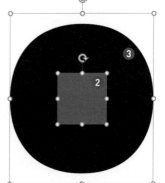

05 [Shift]キーを押しながら「四角形」②→「ふんわり円」③の順に選択し、[図形の書式] タブ→[図形の結合]④→[接合]⑤をクリックします。

➡つづく 139

06 テキストから図形に変換されました。「高さ:
5cm」「幅:7cm」に設定し、ふんわり円の完
成です。

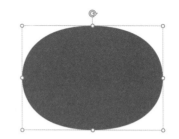

吹き出しのしっぽを作る

01 テキストボックスに「MS ゴシック」で黒三
角「▲」を入力します。

02 テキストボックスを選択
した状態で、[図形の書
式]タブ❶→[文字の効
果]❷→[変形]❸→
[カーブ:下]❹をクリッ
クします。

三角が吹き出しのしっぽ
のような形状になりまし
た。

03 続いて、テキストから図
形に変換し、サイズ調整
しやすくなるようにプ
レースホルダーの向きを
変更します。
[図形のオプション]❶
→[サイズとプロパティ]
❷でテキストボックスを
「51°」回転させ、吹き出
しのしっぽの付け根の面
を水平にします。

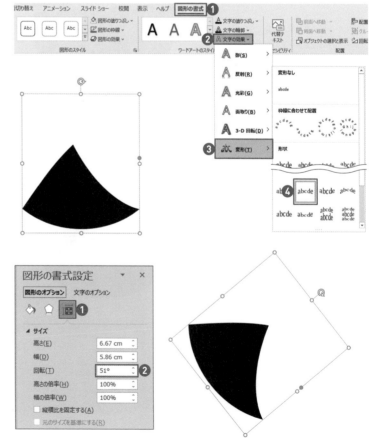

140

04 吹き出しのしっぽの中に収まるように四角形を描き、[線なし] に設定します。

05 Shift キーを押しながら [四角形] → [吹き出しのしっぽ] の順に選択し、[図形の書式] タブ→ [図形の結合] ❶→ [接合] ❷をクリックします。

テキストから図形に変換され、プレースホルダーが水平になりました。

06 [高さ:1cm] [幅:0.8cm] [回転:318°] に設定し、吹き出しのしっぽの完成です。

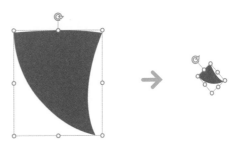

円と吹き出しのしっぽを右下揃えにする

01 ふんわり円と吹き出しのしっぽを右下揃え (13ページ) で配置します。

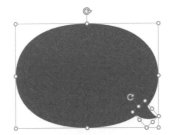

吹き出しのしっぽの位置や角度は、ふんわり円の形状に合わせて調整しましょう。

完成

ふんわり吹き出しの完成です。吹き出しに線を設定したい場合は、ふんわり円と吹き出しのしっぽを [図形の結合] → [接合] で結合してから行いましょう。[線の結合点:丸] にするとかわいくなります。

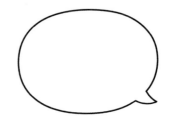

12 / モコモコ吹き出しを作る

組み合わせ例 // キラキラ ▶ 24、放射状オブジェクト ▶ 35

POINT / 雲形のモコモコした吹き出しの作り方をご紹介します。円をサークル状に並べるときは[SmartArt]を使うと簡単です。吹き出しのしっぽは、図形の[月]をカスタマイズして作りましょう。

モコモコフレームを作る

01 [挿入]タブ❶→[SmartArt]❷をクリックします。

02 [SmartArtグラフィックの選択]ダイアログボックスが開くので、[循環]❶→[基本の循環]❷を選択し、[OK]ボタン❸をクリックします。

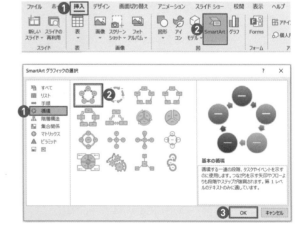

SmartArtがスライドに
挿入されます。

03 SmartArtを選択した状
態で、[図形の書式設定]
ウィンドウ→[図形のオ
プション]→[サイズと
プロパティ]❶→[サイ
ズ]❷→[高さ:10cm]
❸に設定します。

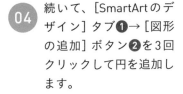

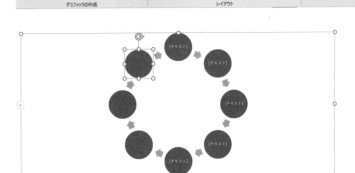

04 続いて、[SmartArtのデ
ザイン]タブ❶→[図形
の追加]ボタン❷を3回
クリックして円を追加し
ます。

円が合計8個並びました。

05 Shift キーを押しなが
ら円をすべてクリックし
て選択します。

06 円を選択した状態で、[図形の書式設定]ウィンドウ→[図
形のオプション]❶→[サイズとプロパティ]❷→[サイズ]
❸→[高さ:4cm][幅:4cm]❹に設定します。

円が拡大され、モコモコ
した形状になりました。

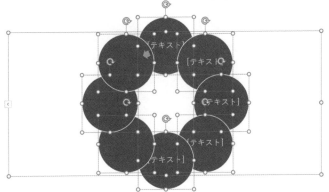

07 続いて、モコモコの中央の白抜き部分を埋めます。SmartArtを選択した状態で**①**、 Ctrl + Shift + G キーでグループ化を2回解除します**②③**。

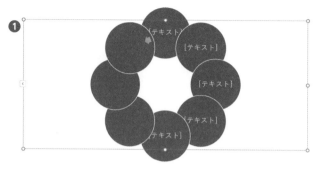

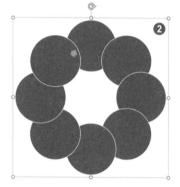

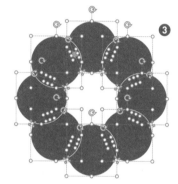

08 [ホーム] タブ → [図形描画] → [正方形/長方形] **①**をクリックします。

09 正方形を [高さ:5cm] [幅:5cm] で描き、[塗りつぶし] を [色:白] に**①**、[線] を [色:黒] **②**、[幅:6pt] **③**、[線の結合点: 丸] **④** に設定し、SmartArtと上下左右中央揃え (13ページ) で配置します。

10 Ctrl ＋ A キーで図形を
すべて選択し、[図形の
書式]タブ→[図形の結
合] **❶**→[接合] **❷**をク
リックします。

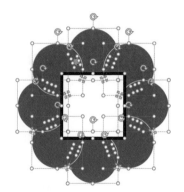

モコモコフレームの完成
です。

吹き出しのしっぽを作る

01 [ホーム]タブ →[図形描画]→[月]**❶**をク
リックします。

02 [月]を[高さ:4cm][幅:2cm]で描き、[塗
りつぶし]を[色:白]に[線]を[色:黒]
[幅:6pt][線の先端:丸][線の結合点:丸]
に設定します。

[線の先端:丸][線の結合点:丸]に設定しても線
に変化はありませんが、気にせず次に進みましょう。

➡つづく 145

03 [月]を右クリックしてメニューを開き、[頂点の編集]をクリックします。

04 頂点が編集できる状態になるので、図のように[月]の右上の線分にマウスポインターを合わせます。

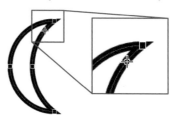

05 マウスポインターの形が✛になった状態で線分を右クリックしてメニューを開き、[線分の削除]をクリックします。

線分が削除されました。この手順で[線の先端]と[線の結合点]が丸くなります。

06 続いて、Ctrl キーを押しながら一番上の頂点をクリックして削除します。

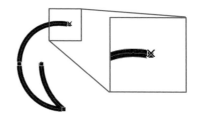

07 右上の頂点にマウスポインターを合わせて、マウスポインターの形が✛になった状態で、ドラッグしながら頂点を少し右に移動し、吹き出しのしっぽの口を広げます。

08 最後に、右上の頂点のハンドルにマウスポインターを合わせて、マウスポインターの形が✛になった状態で、ドラッグしながらハンドルを少し左に移動し、右側の線分をカーブさせます。

図のような形状になれば、吹き出しのしっぽの完成です。

完 成

モコモコフレームと吹き出しのしっぽを組み合わせましょう。

吹き出しのしっぽは、モコモコフレームの凹みに配置すると馴染みます。

モコモコフレームは、結合する前に円のサイズや位置を不規則に変更しておくと、動きのあるモコモコ吹き出しが作れます。

動きのあるモコモコフレームは、考え中の吹き出しにすると相性がよいでしょう。

パワポの困ったを解決！ ②

効 果 の 影 が 印 刷 さ れ な い 件

PowerPointは効果の影が印刷されない初期設定になっているので注意が必要です。

事前に印刷プレビュー画面で影がついているか確認してから印刷しましょう。

1 影が印刷されない設定になっていると、印刷プレビュー画面のオブジェクトにも影がついていない状態になります。

2 影を印刷する設定は、［ファイル］タブ→［オプション］→［PowerPointのオプション］ダイアログボックス→［詳細設定］❶→［高品質で印刷する（すべての影効果も印刷されます）］❷にチェックを入れます。

編集画面

印刷プレビュー画面

148

装飾の神業

01 / シンプルリボンを作る

組み合わせ例 // ストライプ▶64、まんまる吹き出し▶102

POINT / PowerPointの図形のリボンは、幅を広げると両端の切り込みが鬼のように深くなってしまいます。そこで［矢印：山形］を使い、切り込みの深さがほどよいシンプルリボンの作り方を2パターンご紹介します。

シンプルリボンを作る

01 ［ホーム］タブ → ［図形描画］→ ［矢印：山形］❶をクリックします。［矢印：山形］を［高さ：2cm］［幅：8cm］で描き、［塗りつぶし］を［色：黒］に設定します❷。

02 調整ハンドル❶をドラッグして山を浅くします。

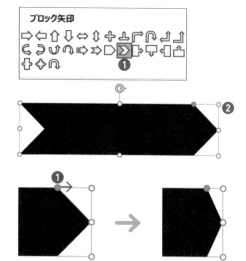

03 山の調整ができたら、[矢印：山形]を Ctrl + Shift キーを押しながら右にドラッグして複製し、左右反転（13ページ）させます。

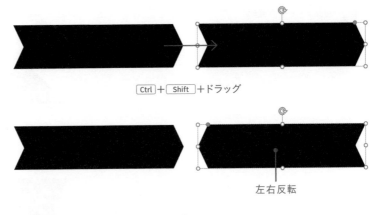

Ctrl + Shift +ドラッグ

左右反転

04 2つの[矢印：山形]の端と端を重ね合わせて長さを調整します。

シンプルリボンの完成です。

折り返しシンプルリボンを作る

01 [ホーム]タブ →[図形描画]→[正方形/長方形]❶をクリックします。長方形を[高さ：2cm][幅：10cm]で描き、[塗りつぶし]を[色：黒]に設定します❷。

02 続いて、[ホーム]タブ →[図形描画]→[矢印：山形]をクリックします。[矢印：山形]を[高さ：2cm][幅：2cm]で描き、[塗りつぶし]を[色：黒]に設定します。

➡つづく 151

03 調整ハンドル❶をドラッグして山を浅くします。

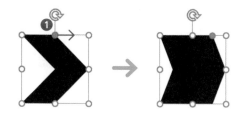

04 [矢印：山形] を右クリックしてメニューを開き、[頂点の編集] をクリックします。

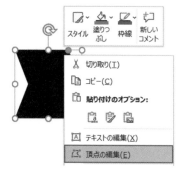

05 頂点が編集できる状態になるので、Ctrl キーを押しながら右中央の頂点❶をクリックして削除します。

両端のパーツができました。

完 成

長方形と両端のパーツを組み合わせ、折り返しシンプルリボンの完成です。

02 / めくれた付箋を作る

組み合わせ例 // 角丸キラキラ ▶24、方眼紙 ▶58、万能マーカー ▶211

POINT / ペラッとめくれた付箋の作り方をご紹介します。付箋がめくれた形状を図形の [波線] で作り、[クイックスタイル] を適用してめくれた部分が浮いているような歪んだ影をつけます。

めくれた付箋の形状を作る

01 [ホーム] タブ → [図形描画] → [波線] ❶をクリックします。波線を [高さ：2cm] [幅：12cm] で描き、[塗りつぶし] を [色：薄い黄 / RGB：255,217,102] に設定します。設定後、左右反転 (13ページ) し、Ctrl + Alt + → キーで右に [1°] 回転させます❷。

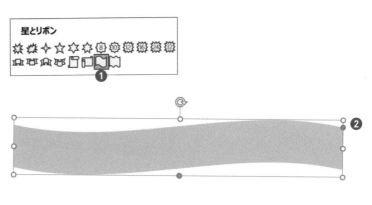

➡つづく 153

02 続いて、[ホーム] タブ → [図形描画] → [正方形/長方形] ❶ をクリックします。

03 長方形を [高さ:2cm] [幅:7cm] で描き❶、波線と上下左右中央揃え (13ページ) で配置します ❷。

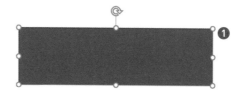

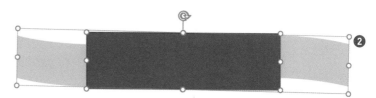

04 Shift キーを押しながら [波線] → [長方形] の順に選択し、[図形の書式] タブ❶ → [図形の結合] ❷ → [重なり抽出] ❸ をクリックします。

めくれた付箋の形状ができました。

歪んだ影をつける

01 付箋を複製します。

複製元の付箋は手順7で使用します。

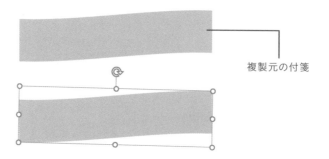

複製元の付箋

02 複製した付箋を [Ctrl] + [X] キーで切り取った
状態でスライドを右クリックしてメニューを
開き、[貼り付けのオプション：図] をクリッ
クします❶。

付箋が画像として貼り付きました。

03 付箋を選択した状態で、[図の形式] タブ❶
→ [図のスタイル] グループ→ [その他] ❷→
[透視投影、緩い傾斜、白] ❸をクリックし
ます。

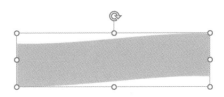

すると、付箋が図のようなスタイルになりま
す。スタイルで適用した影のみが必要なので、
このあとの操作でほかのスタイルを「なし」
にします。

➡つづく　155

04 付箋を選択した状態で❶、[図の書式設定] ウィンドウ →[効果] ❷→ [3-D回転] ❸→ [リセット] ❹をクリックします。

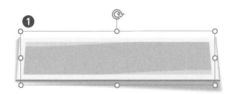

05 続けて、[図の書式設定] ウィンドウ→[塗りつぶしと線] ❶→ [塗りつぶしなし] ❷、[線なし] ❸をクリックします。

06 付箋に歪んだ影がつきました。画像のままでは色を変更できないので図形に戻します。付箋を選択した状態で、[Ctrl] + [Shift] + [C] キーで書式のコピーをします。

07 複製元の付箋を選択し❶、[Ctrl] + [Shift] + [V] キーで書式を貼り付けます。

すると [塗りつぶしなし] になるので❷、このあとの操作で元の色に戻します。

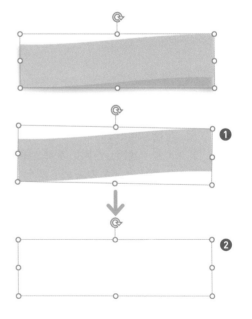

08 付箋を選択した状態で❶、[図形の書式設定] ウィンドウ →
[図形のオプション] → [塗りつぶしと線] ❷→ [塗りつぶし]
❸を [塗りつぶしなし] から [塗りつぶし (単色)] ❹に切り
替えます。

付箋の色が元に戻り、影も適用されました。

> 書式の貼り付けをしてからファイルを閉じると、
> [塗りつぶし(単色)]を選択しても元の色には戻
> りません。

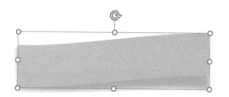

09 続いて、影の調整をします。付箋を選択した状態で、[図形
の書式設定] ウィンドウ → [図形のオプション] → [効果] ❶
→ [影] ❷の書式を次のように設定します❸。

透明度：80%
サイズ：90%
ぼかし：3pt
角度：10°
距離：22pt

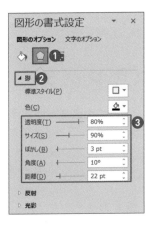

完 成

付箋のめくれた部分が浮いているような歪んだ影が
つきました。めくれた付箋の完成です。

> 付箋をサイズ変更すると影の調整も必要になります。影も
> 一緒にサイズ変更したいときは、SVG形式に変換しましょう
> (48ページ)。

03 / 切り口が不揃いな
マスキングテープを作る

組み合わせ例 // 方眼紙▶58、水玉模様▶61、ストライプ▶64、モコモコ吹き出し▶142

POINT / 切り口が不揃いなかわいいマスキングテープの作り方をご紹介します。不揃いな切り口は、フリーハンドの線が描ける[スケッチ]を利用し、不規則なギザギザに変形させると簡単に作れます。

マスキングテープの形状を作る

01 [ホーム]タブ →[図形描画] →[正方形/長方形]❶をクリックします。

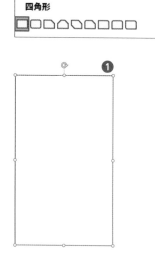

02 長方形を[高さ:10cm][幅:6cm]で描き❶、[線]を[スケッチスタイル:フリーハンド]に設定します❷。

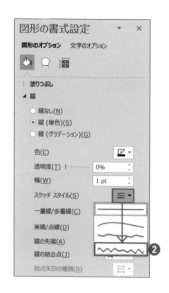

03 描いた長方形を Ctrl + Shift キーを押しながら右にドラッグして複製します。

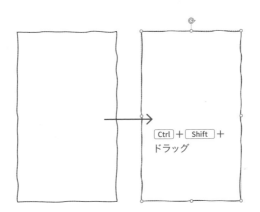

Ctrl + Shift + ドラッグ

04 2つの長方形を左揃え（13ページ）で配置します。

05 2つの長方形を選択した状態で、［図形の書式］タブ → ［図形の結合］❶ → ［接合］❷）をクリックします。

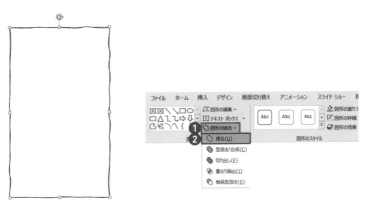

06 結合ができたら、［高さ：2cm］［幅：10cm］に設定します。

切り口が不揃いなマスキングテープの形状ができました。

ストライプ柄にする

マスキングテープにパターンを設定し、かわいい柄にしましょう。

01 斜めストライプの繰り返しオブジェクト（66ページ）を用意します。［高さ：1cm］［幅：1cm］に設定し、Ctrl + C キーでコピーします。

→つづく　159

07 マスキングテープを選択し、[塗りつぶし] を次のように設定します。❹〜❼の数値は調整可能です。

塗りつぶし（図またはテクスチャ）❶
画像ソース：クリップボード❷
図をテクスチャとして並べるにチェック❸
横方向に移動：0pt❹
縦方向に移動：0pt❺
幅の調整：100%❻
高さの調整：100%❼
配置：中央❽

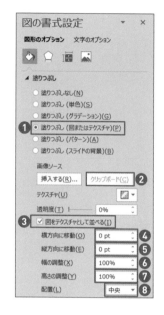

ストライプマスキングテープの完成です。

水玉模様にする

01 水玉模様の繰り返しオブジェクト（61ページ）を用意します。[高さ：1cm]［幅：1cm]に設定し、Ctrl + C キーでコピーします。

ストライプと同じように設定して完成です。

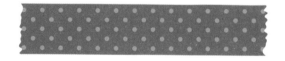

マスキングテープを長くする

切り口の形状を変えずに長さ調整する方法です。

01 マスキングテープを
`Ctrl` + `Shift` キーを押
しながら右にドラッグし
て複製し、端と端を重ね
合わせます。

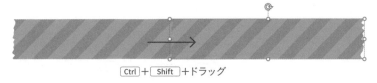

`Ctrl` + `Shift` +ドラッグ

02 2つのマスキングテープ
を選択した状態で、[図
形の書式]タブ →[図形
の結合] ❶→[接合] ❷
をクリックします。

切り口の形状を変えずに
長くできました。

マスキングテープを短くする

01 2つのマスキングテープ
の重ね合わせた部分が必
要な長さになるように調
整します。

02 2つのマスキングテープ
を選択した状態で、[図
形の書式]タブ❶→[図
形の結合]❷→[重なり
抽出]❸をクリックしま
す。

切り口の形状を変えずに
短くできました。

04 / ジグザグ線を作る

組み合わせ例 // -

POINT / 図形の［フリーフォーム：図形］で整ったジグザグ線を手動で描くのは困難です。そこで、［グラフ］を使ってきれいなジグザグ線を数値入力のみで作るテクニックをご紹介します。

準備

01 ［挿入］タブ❶→［グラフ］❷をクリックします。

02 ［グラフの挿入］ダイアログボックスが開くので、［折れ線］❶→［折れ線］❷を選択し、［OK］ボタン❸をクリックします。

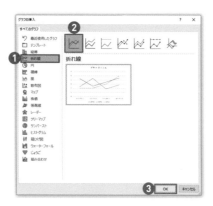

03 グラフが挿入され、同時にExcelの
ウィンドウが開きます。Excelの値を
変更するとグラフも変動します。今回
はグラフがジグザグになるように値を
入力し、グラフから取り出して利用し
ます。

04 グラフの右上の［＋］ボタンをクリッ
クし❶、［グラフ要素］のチェックを
すべてはずして準備完了です❷。

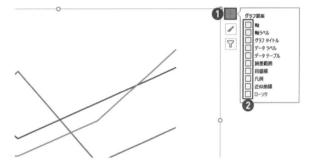

Excelに値を入力する

Excelに値を入力し、青の折れ線をジグザグにします。

01 ［系列1］の2行目から12行目までを「1、2、1、2、1…」と1
と2を交互に入力します❶。今回は山が5つのジグザグ線を
作る手順で進めますが、値を続けて入力すれば山数を増やす
ことができます。

> 連続するデータは、Excelの「オートフィ
> ル」機能を使うと簡単に入力できます。

	A	B	C	D	E	F
1		系列1	系列2	系列3		
2	カテゴリ 1	1	2.4	2		
3	カテゴリ 2	2	4.4	2		
4	カテゴリ 3	1	1.8	3		
5	カテゴリ 4	2	2.8	5		
6		1				
7		2				
8		1				
9		2				
10		1				
11		2				
12		1				

02 値が入力できたらグラフを確認しま
しょう。青の折れ線がジグザグになっ
ていれば成功です。

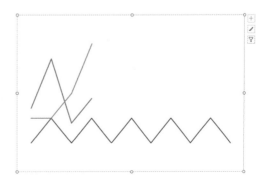

➡つづく 163

ジグザグ線をグラフから取り出す

01 グラフを Ctrl + X キーで切り取った状態で Ctrl + Alt + V キーを押し、[形式を選択して貼り付け] ダイアログボックスを開きます。[貼り付ける形式] から [画像 (SVG)] ❶ を選択し、[OK] ボタン❷をクリックします。

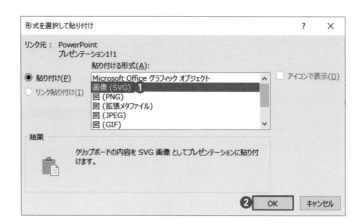

SVG形式で貼り付きました。

[貼り付ける形式] は、[図 (拡張メタファイル)] を代用することも可能です。

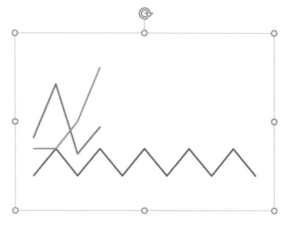

02 グラフを選択した状態で、Ctrl + Shift + G キーでグループ化を2回解除するとジグザグ線が取り出せます。

グループ化を解除したときに表示される警告メッセージは、[はい] をクリックします。

山が5つの場合は、[高さ:1cm][幅:10cm] で山の角度が [90°] になります。

05 / 波線・省略線を作る

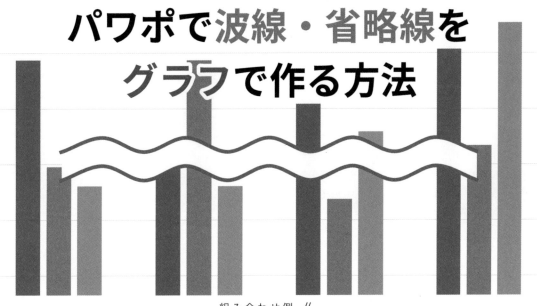

パワポで波線・省略線を
グラフで作る方法

組み合わせ例 // -

POINT / 図形の［曲線］で整った波線を手動で描くのは困難です。そこで、［グラフ］を使ってきれいな波線を数値入力のみで作るテクニックをご紹介します。合わせて、作成した波線を利用して省略線も作ります。

波線をグラフで作る / 準備

01 ［挿入］タブ❶→［グラフ］❷をクリックします。

02 ［グラフの挿入］ダイアログボックスが開くので、［散布図］❶→［散布図（平滑線）］❷を選択し、［OK］ボタンをクリックします❸。

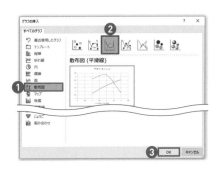

➡つづく 165

ch
4
装飾の神業

03 グラフが挿入され、同時にExcelのウィンドウが開きます。Excelの値を変更するとグラフも変動します。今回はグラフが波線になるように値を入力し、グラフから取り出して利用します。

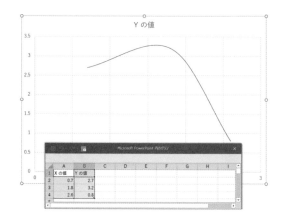

04 グラフの右上の［＋］ボタンをクリックし❶、［グラフ要素］のチェックをすべてはずして準備完了です❷。

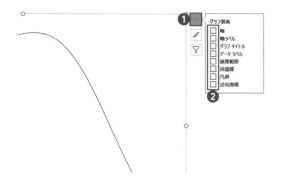

波線をグラフで作る ／ Excelに値を入力する

Excelに値を入力し、グラフを波線にします。

01 ［Xの値］は、2行目から12行目までを「0」から1ずつ増やして「10」まで入力します❶。［Yの値］は、2行目から12行目までを「1、2、1、2、1…」と1と2を交互に入力します❷。今回は波が5つの波線を作る手順で進めますが、値を続けて入力すれば波数を増やすことができます。

連続するデータは、Excelの「オートフィル」機能を使うと簡単に入力できます。

	A	B	C	D	E
1	X の値	Y の値			
2	0	1			
3	1	2			
4	2	1			
5	3	2			
6	4	1			
7	5	2			
8	6	1			
9	7	2			
10	8	1			
11	9	2			
12	10	1			
13	❶	❷			

値が入力できたらグラフを確認しましょう。グラフが波線になっていれば成功です。

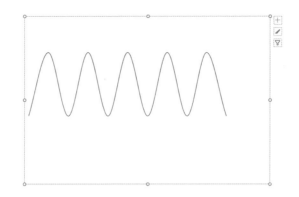

波線をグラフで作る / 波線をグラフから取り出す

01 グラフを[Ctrl] + [X]キーで切り取った状態で[Ctrl] + [Alt] + [V]キーを押し、[形式を選択して貼り付け]ダイアログボックスを開きます。[貼り付ける形式]から[画像(SVG)] ❶ を選択し、[OK]ボタン❷をクリックします。

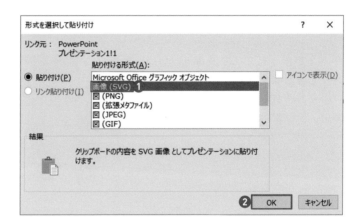

SVG形式で貼り付きました。

> [貼り付ける形式]は、[図(拡張メタファイル)]を代用することも可能です。

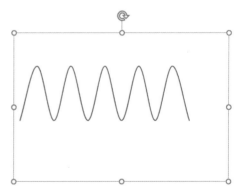

02 グラフを選択した状態で、[Ctrl] + [Shift] + [G]キーでグループ化を解除して波線の完成です。

> グループ化を解除したときに表示される警告メッセージは、[はい]をクリックします。

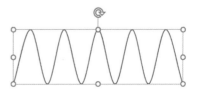

➡つづく

省略線を作る

01 波が5つの波線を用意し、[高さ:1cm][幅: 10cm]に設定します。

02 [ホーム]タブ → [図形描画] → [正方形/長方形]❶をクリックします。

03 長方形を[高さ:3cm][幅:10cm]で描きます。長方形の前面に波線を上中央揃え(13ページ)、複製した波線を下中央揃えで配置します。

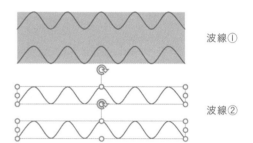

04 手順3で作った2つの波線を Ctrl + Shift キーを押しながら下にドラッグして複製します。それぞれの図形の集合を「波線①」と「波線②」とします。

波線①

波線②

05 波線①の全体をドラッグしながら囲んで選択し❶、[図形の書式]タブ❷→[図形の結合]❸→[切り出し]❹をクリックします。

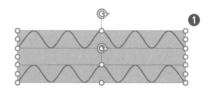

波線①が分割されてバラバラになりました❺。

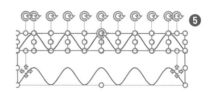

06 波線①の上部の不要な図形を削除します。

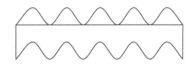

07 波線①を選択した状態で、[図形の書式] タブ❶→ [図形の結合] ❷→ [接合] ❸をクリックします。

波線①が結合されて1つの図形になりました。

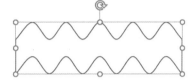

08 波線①の [塗りつぶし] を [色:白] に [線] を [線なし] に設定します。

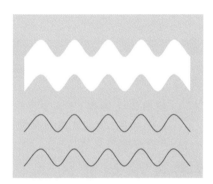

09 波線①と波線②の下の波線を選択して下揃えで配置します。

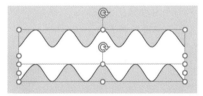

10 波線①と波線②を Ctrl + G キーでグループ化します。

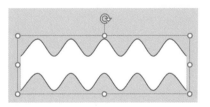

完 成

サイズを整えて省略線の完成です。

06 / 三角フラッグガーランドを作る

組み合わせ例 // ストライプ▶64、シンプルリボン▶150

POINT / 装飾に大活躍!三角フラッグガーランドの作り方をご紹介します。文字の下向き黒三角「▼」を並べたテキストボックスをアーチ状に曲げ、フラッグが垂れ下がった形状を作ります。

三角フラッグを並べる

01 テキストボックスに[MS ゴシック]で黒三角「▼」を4回入力します。

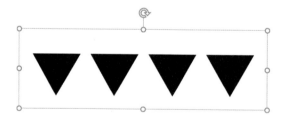

02 テキストボックスを選択した状態で、[ホーム]タブ❶→[中央揃え]❷、[文字の間隔]❸→[広く]❹をクリックします。

文字の間隔が広くなりました。

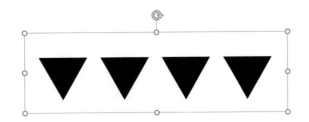

フラッグをアーチ状にする

01 テキストボックスを選択した状態で、[図形の書式] タブ❶→[文字の効果] ❷→[変形] ❸→[アーチ:下向き] ❹をクリックします。

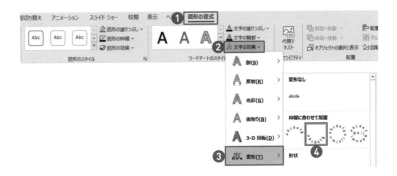

フラッグがアーチ状になりました。

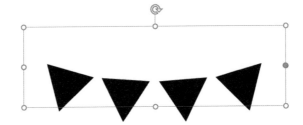

02 [高さ:3cm][幅:9cm]に設定してアーチを少し大きくし、[Alt]+[←]キーを2回押して左に[30°]回転させます。

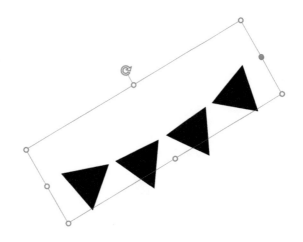

03 フラッグの横に適当なサイズの四角形を描き、[線なし]に設定します❶。

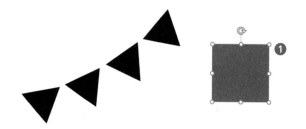

04 Shift キーを押しながら[正方形]→[フラッグ]の順に選択し、[図形の書式]タブ❶→[図形の結合]❷→[切り出し]❸をクリックします。

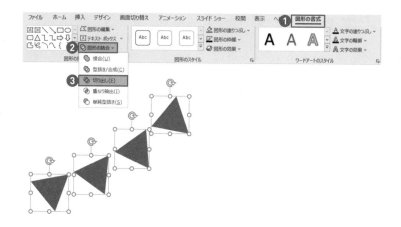

テキストから図形に変換され、バラバラになりました。

完 成

01 フラッグを好きな色に設定し、Ctrl + G キーでグループ化します。
作例の色は次の通りです。

緑 / RGB：51,153,102
ゴールド / RGB：255,192,0
オレンジ / RGB：255,102,0

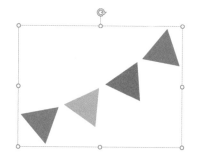

02 Ctrl + Shift キーを押しながら右にドラッグして複製し、左右反転（13ページ）させます。
色の並び順を変えると、より楽しい雰囲気が演出できます。

三角フラッグガーランドの完成です。

07 / なびく三角旗を作る

組み合わせ例 // 角丸キラキラ▶24、ストライプ▶64、波線▶165、アーチ状リボン▶177

POINT / 風になびく波状の三角旗を、文字の右向き黒三角「▶」を変形させて作る方法をご紹介します。ポールを矢印の種類で作る手順や旗のなびく大きさを変更できるのもポイントです。

なびく三角旗を作る

01 テキストボックスに［HG ゴシックE］で右向き黒三角「▶」を入力します。

02 テキストボックスを選択した状態で、［図形の書式］タブ❶→［文字の効果］❷→［変形］❸→［波：下向き］❹をクリックします。

すると、右向き黒三角が旗がなびいたような形状に変化します。

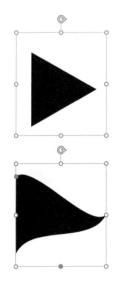

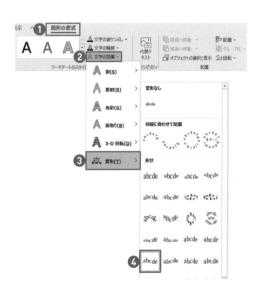

ch
4

装飾の神業

➡つづく

03 ［高さ:5cm］［幅:7cm］に設定し、左上の調整ハンドル❶をドラッグして少し上げます。
なびく旗ができました。

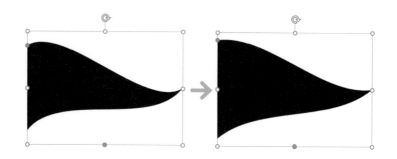

04 続いて、ポール先端部の「冠頭（かんとう）」を矢印の種類で作ります。
［ホーム］タブ→［図形描画］→［線］❶をクリックします。

05 垂直線を［高さ:7.5cm］で引き、［線］を［色:黒］❶、［幅:10pt］❷、［始点矢印の種類:円形矢印］❸、［始点矢印のサイズ:始点矢印サイズ1］❹に設定します。

ポールができました。

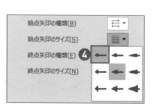

完 成

旗とポールを組み合わせ、なびく三角旗の完成です。

テキストボックスの［変形］を［小波:下から上］に変更すると旗が大きくなびきます。

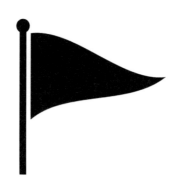

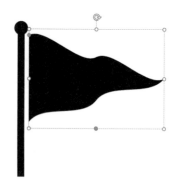

08 / ゆらめく紙吹雪を作る

組み合わせ例 // 漫画風集中線 ▶39、シンプルリボン ▶150

POINT / 紙吹雪を文字の四つ菱「❖」を変形させて作る方法をご紹介します。四つ菱「❖」を歪ませると、ゆらめく紙の形状が簡単に作れます。紙吹雪を華麗に舞い散らしましょう。

ゆらめく紙を4パターン作る

01 テキストボックスに［MSゴシック］で四つ菱「❖」を入力します。

02 テキストボックスを選択した状態で、［図形の書式］タブ❶→［文字の効果］❷→［変形］❸→［フェード：右］❹をクリックします。

すると、四つ菱がゆらめく紙のような形状に変化します。

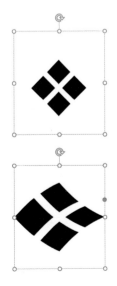

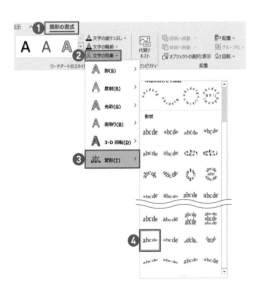

➡つづく 175

03 「高さ：5cm」「幅：4cm」に設定します。
4パターンのゆらめく紙ができました。

ゆらめく紙を分割する

ゆらめく紙を分割して散らせるようにします。

01 四つ菱を複製します。

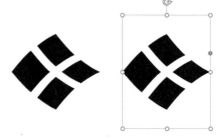

02 2つの四つ菱を選択し、[図形の書式]タブ→
[図形の結合]❶→[切り出し]❷をクリック
します。

四つ菱が分割され、舞い散らせる状態になり
ました。

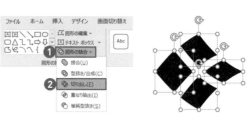

ゆらめく紙を舞い散らす

ゆらめく紙をランダムに配置して紙吹雪にします。
同じ形状の紙が隣接しないように配置するのがポイントです。

01 色をカラフルにすると紙吹雪感がアップします。
作例の色は次の通りです。

赤 / RGB：240,0,0
ゴールド / RGB：255,192,0
濃い緑 / RGB：0,176,80
濃い青 / RGB：0,112,192

使用するデザインに配置してバランスを見な
がら調整しましょう。
紙吹雪の完成です。

09 / アーチ状リボンを作る

組み合わせ例 // 角丸キラキラ ▶ 24、ストライプ ▶ 64、シンプルリボン ▶ 150、波線 ▶ 165
三角フラッグガーランド ▶ 170

POINT / 図形のリボンは、両端の切り込みの深さ調整や色分けができません。そこで、切り込みの深さ調整ができる「アーチ状リボン」と色分けができる「折り返しアーチ状リボン」の作り方をご紹介します。

アーチ状リボン / アーチ状の長方形を作る

01 テキストボックスに［MSゴシック］で黒四角「■」を入力し、［文字の塗りつぶし］を［色：赤 / RGB：220,0,0］に設定します。

02 テキストボックスを選択した状態で、［図形の書式］タブ→［文字の効果］→［変形］→［凸レンズ：上］❶をクリックします。
すると、黒四角が図のような形状に変化します。

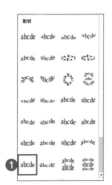

03 ［高さ：1.5cm］［幅：8cm］に設定し、Ctrl + Shift キーを押しながら下にドラッグして複製します。

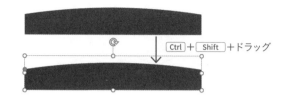

04 複製したテキストボックスを選択した状態で、［図形の書式］タブ→［文字の効果］→［変形］→［凹レンズ：下］❶をクリックします。

05 変形を適用したら、［高さ：0.6cm］［幅：8cm］に設定します。

06 作成した2つのテキストボックスをスマートガイドを目安にして図のようにぴったり合わせます。

07 2つのテキストボックスを選択し、［図形の書式］タブ❶→［図形の結合］❷→［接合］❸をクリックします。

アーチ状の長方形ができました。

アーチ状の長方形は次項でも使用するので、複製しておきましょう。

アーチ状リボン / リボンの切り込みを作る

01 テキストボックスに［MS ゴシック］で右向き黒三角「▶」と左向き黒三角「◀」を入力します。

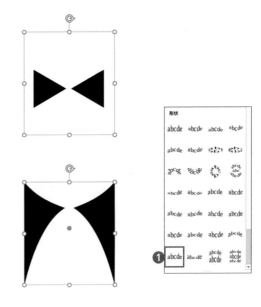

02 テキストボックスを選択した状態で、［図形の書式］タブ→［文字の効果］→［変形］→［凹レンズ：下］❶をクリックします。

すると、2つの黒三角が図のような形状に変化します。

03 ［高さ：1.5cm］［幅：8cm］に設定します。

04 テキストボックスを選択した状態で、Ctrl ＋ T キーを押して［フォント］ダイアログボックスを開き、［文字幅と間隔］タブ❶→［間隔：文字間隔を広げる］［幅：350］❷に設定します。

2つの黒三角の間隔が広がりました。

> 2つの黒三角の間隔で切り込みの深さ調整ができます。

➡つづく　179

05 テキストボックスを Ctrl + Shift キーを押しながら下にドラッグして複製し、左右反転 (13ページ) させます。

> アーチ状の長方形ときれいに結合されるように左右反転しています。

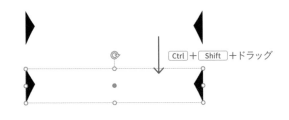

06 アーチ状の長方形の前面に2つのテキストボックスを下中央揃え (13ページ) で配置します。

07 アーチ状の長方形と2つのテキストボックスを Ctrl + A キーですべて選択し、[図形の書式] タブ❶→[図形の結合] ❷→[単純型抜き] ❸をクリックします。

アーチ状リボンの完成です。

折り返しアーチ状リボン / リボン①を作る

01 前項で作成したアーチ状リボンを[塗りつぶし：濃い赤 / RGB：180,0,0]に設定します。

02 正方形を[高さ：1.8cm][幅：1.8cm]で描き、アーチ状リボンと左上揃えで配置します。

03 ［Shift］キーを押しながら「アーチ状リボン」→「正方形」の順に選択し、［図形の書式］タブ→［図形の結合］❶→［重なり抽出］❷をクリックします。

リボン①の完成です。

折り返しアーチ状リボン / リボン②を作る

01 ［ホーム］タブ → ［図形描画］ → ［二等辺三角形］❶をクリックします。

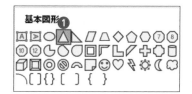

02 二等辺三角形を［高さ：0.5cm］［幅：0.8cm］［回転：270°］で描き、［塗りつぶし］を［色：濃い赤 / RGB：140,0,0］に設定します。

完成

01 前項で複製しておいたアーチ状の長方形を使用します。

02 リボン②をアーチ状の長方形の背面にスマートガイドを目安にして図のように配置します。

03 リボン①をリボン②の背面に図のように配置します。右揃えで整列後、上下の矢印キーで位置を微調整しましょう。

04 リボン①と②を複製・左右反転し、反対側にも同じように配置します。

折り返しアーチ状リボンの完成です。

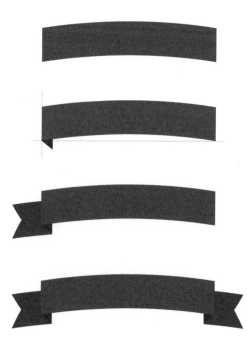

10 / 波形リボンを作る

組み合わせ例 // 角丸キラキラ ▶ 24、ストライプ ▶ 64、なみなみ円フレーム ▶ 104、波線 ▶ 165、
三角フラッグガーランド ▶ 170

POINT / 切り込みの深さ調整ができる「波形リボン」と色分けができる「折り返し波形リボン」の作り方をご紹介します。文字の変形を駆使して、旗がなびいたような形状を作る手順がポイントです。

波形リボン

01 テキストボックスに [MSゴシック] で黒四角「■」を入力し、[文字の塗りつぶし] を [色：赤 / RGB:220,0,0] に設定します。

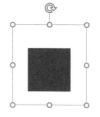

02 続いて、テキストボックスに [MS ゴシック] で右向き黒三角「▶」と左向き黒三角「◀」を入力します。

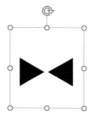

03 2つのテキストボックスを左上揃え（13ページ）で配置します。

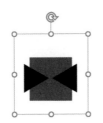

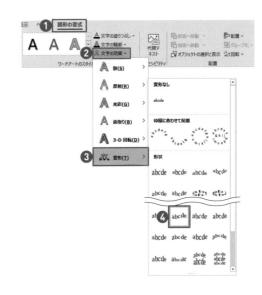

04 2つのテキストボックスを選択した状態で、［図形の書式］タブ❶→［文字の効果］❷→［変形］❸→［波：上向き］❹をクリックします。

すると、黒三角が図のような形状に変化します。

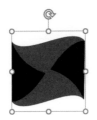

05 変形を適用したら、2つのテキストボックスを［高さ：2cm］［幅：8cm］に設定します。

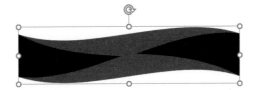

06 Ctrl + T キーを押して［フォント］ダイアログボックスを開き、［文字幅と間隔］タブ❶→［間隔：文字間隔を広げる］［幅：600］❷に設定します。

2つの黒三角の間隔が広がりました。

2つの黒三角の間隔で切り込みの深さ調整ができます。

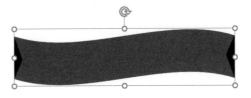

➡つづく

07 Ctrl + A キーで2つのテキストボックスを選択し、[図形の書式]タブ❶→[図形の結合]❷→[単純型抜き❸をクリックします。

旗がなびいたような波形リボンの完成です。

折り返し波形リボン / リボン①を作る

01 [ホーム]タブ → [図形描画] → [波線]❶をクリックします。

02 波線を[高さ:2cm][幅:8cm]で描き、[塗りつぶし]を[色:赤 / RGB:220,0,0]に設定し、左右反転(13ページ)させます。リボン①の完成です。

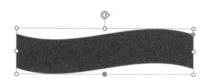

折り返し波形リボン / リボン②を作る

01 [ホーム]タブ → [図形描画] → [二等辺三角形]❶をクリックします。

02 二等辺三角形を[高さ:0.5cm][幅:0.8cm][回転:270˚]で描き、[塗りつぶし]を[色:濃い赤 / RGB:140,0,0]に設定します。リボン②の完成 です。

折り返し波形リボン / リボン③を作る

01 前項で作成した波形リボンの［塗りつぶし］を［色：濃い赤 / RGB：180,0,0］に設定します。

02 正方形を［高さ：2cm］［幅：2cm］で描き、波形リボンと左下揃えで配置します。

03 ［Shift］キーを押しながら「波形リボン」→「正方形」の順に選択し、［図形の書式］タブ→［図形の結合］❶→［重なり抽出］❷をクリックします。

リボン③の完成です。

完成

01 リボン②をリボン①の背面に図のように配置します。左揃えで整列後、上下の矢印キーで位置を微調整しましょう。

02 リボン③をリボン②の背面に図のように配置します。右揃えで整列後、上下の矢印キーで位置を微調整しましょう。

03 リボン②と③を複製・上下左右反転し、反対側にも同じように配置します。

折り返し波形リボンの完成です。

フォントのBoldが表示されない件

PowerPointのフォント一覧には、表示されないBoldのフォントがあることをご存じでしょうか？
[游ゴシックBold]を例に挙げると、システムにはインストールされているのに、なぜかフォント一覧には表示されません。
そんな消えてしまった[游ゴシックBold]を使用する方法をご紹介します。

① 游ゴシック体ファミリーには、[Light] [Regular] [Medium] [Bold]の4書体があります。

② しかし、PowerPointのフォント一覧を確認すると3書体しか表示されておらず、[游ゴシックBold]が見当たりません。[游ゴシック]は[游ゴシックRegular]のことです。

③ [游ゴシックBold]を使用するときは、[游ゴシック]に設定したテキストボックスを、[太字]をクリックして太字にする必要があります。同じように[メイリオBold]は[メイリオ]を太字にして使用しましょう。

①

②

| 源ノ角ゴシック Normal |
| 源ノ角ゴシック VF |
| 游ゴシック |
| 游ゴシック Light |
| 游ゴシック Medium |
| 游明朝 |
| 游明朝 Demibold |
| 游明朝 Light |

③

テキスト

Chapter

5

文字入力＆
加工の神業

組み合わせ例 // 方眼紙▶58、ふんわり吹き出し▶138

POINT / 文字を長体・平体・斜体にする方法をご紹介します。テキストボックスに［文字の効果］の［変形］を適用すると、文字の高さや幅を伸縮させたり、傾きを調整したりできます。

準備

01 変形させたい文字を用意します。作例のフォントは［源ノ角ゴシック JP Medium］を使用しています。

02 テキストボックスを選択した状態で、［図形の書式］タブ❶→［文字の効果］❷→［変形］❸→［四角］❹をクリックします。

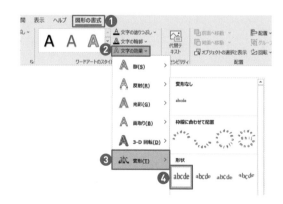

すると、文字がテキストボックスにフィットします。

[変形] の [四角] を適用すると文字の縦横比が変わるので、必要であれば元の文字のサイズにおおよそで合わせましょう。

[変形] を適用したテキストボックスのサイズを微調整するときは、[図形の書式設定] ウィンドウ → [図形のオプション] ❶ → [サイズとプロパティ] ❷ → [サイズ] → [高さ] と [幅] ボックス❸のスピンボタン（▲/▼）をクリックして行うと簡単です。

図形の書式設定

❶ 図形のオプション　文字のオプション

❷

▲ サイズ
高さ(E)　　　　　　1.6 cm
幅(D)　　　　　　　7 cm　　　❸
回転(T)　　　　　　0°
高さの倍率(H)　　　62%
幅の倍率(W)　　　　69%
□ 縦横比を固定する(A)
□ 元のサイズを基準にする(R)
□ 解像度に合わせてサイズを調整する(B)
解像度(O)　　　　　640 x 480

▷ 位置
▷ テキスト ボックス

長体・平体・斜体にする

01 [変形] の [四角] を適用したテキストボックスのサイズを変更することによって、文字を長体や平体にできます。

02 調整ハンドルを左右にドラッグすると斜体になります。

02 / 文字をアーチ状・波形・円形にする

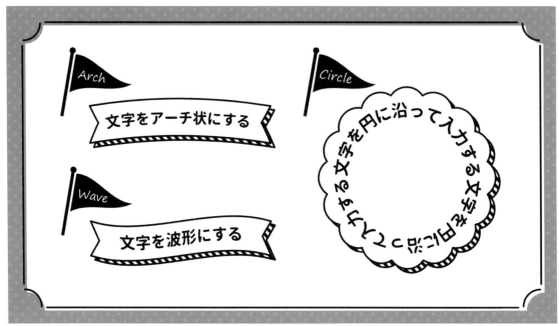

組み合わせ例 // 水玉模様 ▶ 61、ストライプ ▶ 64、クッキー型フレーム ▶ 107、
抜け感フレーム ▶ 118、三角旗 ▶ 173、アーチ状リボン ▶ 177、波形リボン ▶ 182

POINT / 文字を変形させてアーチ状や波形に曲げたり、円に沿わせたりする方法をご紹介します。作成したリボンやフレームと組み合わせて、動きのある楽しい雰囲気を演出しましょう。

アーチ状文字

01 アーチ状にしたい文字を用意します。作例のフォントは［源柔ゴシックX Medium］を［36pt］で使用しています。テキストボックスは Ctrl + E キーを押して中央揃えにします。

02 テキストボックスを選択した状態で、［図形の書式］タブ ❶ →［文字の効果］❷ →［変形］❸ →［アーチ］❹ をクリックします。

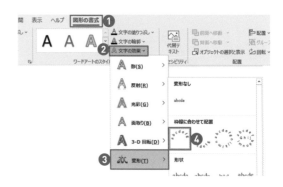

文字がアーチ状になりました。

文字をアーチ状にする

03 テキストボックスを選択した状態で、「図形の書式設定」ウィンドウ → [図形のオプション] ❶→ [サイズとプロパティ] ❷→ [サイズ] → [高さ] と [幅] ボックス❸のスピンボタン (▲/▼) をクリックして文字のカーブを調整します。

完 成

カーブを大きくしました。アーチ状文字の完成です。

文字をアーチ状にする

波 形 文 字

01 波形にしたい文字を用意します。作例のフォントは [源柔ゴシックX Medium] を [36pt] で使用しています。

文字を波形にする

02 [図形の書式] タブ❶→ [文字の効果] ❷→ [変形] ❸→ [波：下向き] ❹または [波：上向き] ❺をクリックします。

完 成

文字が波形になりました。調整ハンドルやテキストボックスのサイズで波の形状が変更できます。

円形文字

01 円形にしたい文字を用意します。作例のフォントは［源柔ゴシックX Medium］を［36pt］で使用しています。

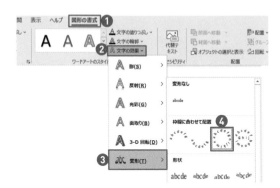

02 ［図形の書式］タブ❶ →［文字の効果］❷→［変形］❸→［円］❹をクリックします。

文字が曲がりました。ここから円形に変更します。

03 テキストボックスを選択した状態で、［図形の書式設定］ウィンドウ →［図形のオプション］❶→［サイズとプロパティ］❷→［サイズ］→［高さ］と［幅］を同じ値にし❸、テキストボックスを正方形にします。サイズを変更したあと正方形のまま形状が崩れないように［縦横比を固定する］にチェックを入れます❹。

完 成

文字が円に沿って流れました。

文字を追加していくと文字数に応じてフォントサイズが自動で変動します。

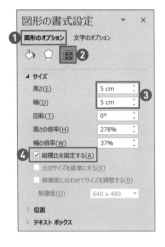

編集画面で見えている文字間隔とスライドショー画面や画像に書き出したデータの文字間隔が異なる場合があるので注意が必要です。仕上がりの確認は、スライドショー画面や書き出したファイルで行いましょう。

変形を解除する

代表してアーチ状文字の変形を解除します。

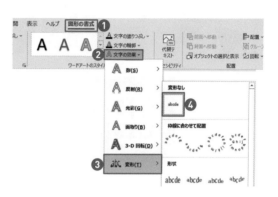

01 テキストボックスを選択した状態で、［図形の書式］タブ❶→［文字の効果］❷→［変形］❸→［変形なし］❹をクリックします。

変形が解除されました。しかし、テキストボックスと文字がずれているので合わせます。

02 テキストボックスを選択した状態で、［図形の書式設定］→［文字のオプション］❶→［テキストボックス］❷→［図形内でテキストを折り返す］❸のチェックを入れてから再度はずします。

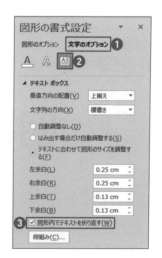

テキストボックスが文字にフィットしました。

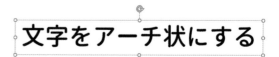

組み合わせ例 // 三角フラッグガーランド ▶170

POINT / 文字を四角「□」や丸「○」で囲んだ囲み文字の作り方をご紹介します。PowerPointに囲み文字の機能はありません。文字と図形を組み合わせてオリジナルの囲み文字を作りましょう。

囲み文字テンプレートを作る

01 今回は「囲み文字」の4文字を正方形で囲みます。作例のフォントは[源ノ角ゴシック JP Medium]を[54pt]で使用しています。

02 テキストボックスは[中央揃え]❶、[文字の配置：上下中央揃え]❷、[自動調整なし]❸にし、余白をすべて[0cm]❹に設定します。

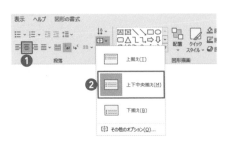

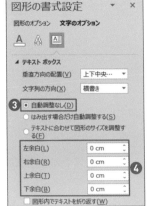

03 テキストボックスを文字のコピペ用に複製しておき❶、1文字だけ残します❷。

04 テキストボックスを選択した状態で、[図形の書式設定]ウィンドウ → [図形のオプション]❶→[塗りつぶしと線]❷→[塗りつぶし]❸→[塗りつぶし(単色)]❹をクリックして好きな色を設定します❺。

文字が四角で囲まれました。

05 続いて、[図形の書式設定]ウィンドウ →[図形のオプション]❶→[サイズとプロパティ]❷→[サイズ]の[高さ]と[幅]を同じ値にして囲みを正方形にします❸。作例は[高さ:2.5cm][幅:2.5cm]に設定しています。
サイズを変更するときに正方形のまま形状が崩れないように[縦横比を固定する]にチェックを入れます❹。

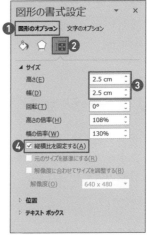

正方形で囲まれた囲み文字ができました。作例は[文字の塗りつぶし]を[色:白]に変更しました。

➡つづく

06 この段階で文字が正方形の上下中央に位置していない場合は、［図形の書式設定］ウィンドウ →［文字のオプション］**❶**→［テキストボックス］**❷**の［上余白］または［下余白］の値で調整します**❸**。
囲み文字テンプレートの完成です。

囲み文字を文字列にする

01 囲み文字テンプレートを Ctrl + Shift キーを押しながらドラッグして1つ目を複製したあと**❶**、 F4 キーで等間隔に連続複製します**❷**。

❶1つ目を複製

02 並べたテンプレートに前ページの手順3で複製しておいた文字をコピペして貼り付けましょう。

❷ F4 キーを押すと等間隔で複製できる

バリエーション

01 正方形を［線］のみの設定にすると線の囲み文字ができます。［線の結合点：角］にすると枠線の角丸が取れます。

02 囲み文字を選択した状態で、［図形の書式］タブ →［図形の編集］**❶**→［図形の変更］**❷**→［楕円］**❸**をクリックすると、丸の囲み文字ができます。

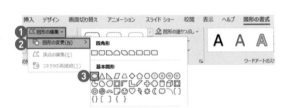

PowerPointで

文字の増減に　追従する

囲み枠の作り方

PPDTP.com

組み合わせ例　//　ストライプ ▶64、下線引き出し ▶134

POINT / 文字を図形で囲んだオブジェクトを作るときに、テキストボックスと囲み枠を分けて作っていませんか？ これを1つのテキストボックスで作ると、文字の増減に合わせて追従する調整いらずの囲み枠になります。

文字と囲み枠をまとめて作る

01 囲み枠をつけたい文字を用意します。作例のフォントは［源ノ角ゴシック JP Medium］ を［36pt］で使用しています。

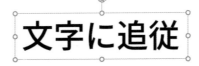

文字に追従

02 テキストボックスを選択した状態で、［図形の書式設定］ウィンドウ →［図形のオプション］❶ →［塗りつぶしと線］❷ →［線］❸ →［線（単色）］❹ の［色］❺ と［幅］❻ を設定して囲み枠をつけます。［線の結合点：角］❼ にすると枠線の角丸が取れます。

図形の書式設定

❶ 図形のオプション　文字のオプション

❷

▷ 塗りつぶし

❸ ▲ 線
　　 線なし(N)
❹ 線（単色）(S)
　　 線（グラデーション）(G)

色(C) ❺
透明度(T)　0%
幅(W)　2 pt ❻
スケッチ スタイル(S)
一重線/多重線(C)
実線/点線(D)
線の先端(A)　フラット
線の結合点(J)　角 ❼
始点矢印の種類(B)

➡つづく　197

1つのテキストボックスで文字と囲み枠をまとめて作ることができました。

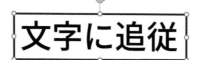

文字と囲み枠の余白設定

01 テキストボックスを選択した状態で、［図形の書式設定］ウィンドウ →［文字のオプション］→［テキストボックス］❶の［左余白］から［下余白］の値で文字と囲み枠の余白を調整します❷。文字が囲み枠の中央に位置していない場合も余白の値で調整します。

余白の値は、フォントやフォントサイズによって異なります。

文字と囲み枠の余白が空きました。

文字追従の設定

01 テキストボックスを選択した状態で、［図形の書式設定］ウィンドウ →［文字のオプション］❶ →［テキストボックス］❷→［テキストに合わせて図形のサイズを調整する］❸をクリックし、［図形内でテキストを折り返す］❹のチェックをはずします。

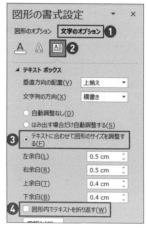

完成

設定ができたら文字を増やして
みましょう。文字の増加に合わ
せて囲み枠も変形しました。

改行にも対応しています。

文字に追従 → 文字に追従する

文字に追従
する

囲み枠内で文字を折り返す設定

01 テキストボックスを選択した状態で、［図形
の書式設定］ウィンドウ → ［文字のオプショ
ン］❶ → ［テキストボックス］❷ → ［図形内で
テキストを折り返す］❸にチェックを入れま
す。

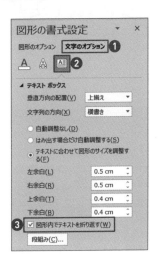

02 文字が囲み枠にぶつかったときに、改行をし
なくても自動で折り返すようになりました。

文字に追従
する囲み枠
が便利

完成

囲み枠のサイズを変更すると、文字の折り返し位置
も自動で調整されるので便利です。

文字に追従する
囲み枠が便利

組み合わせ例 // ストライプ▶64、バクダンフレーム▶110、ふんわり吹き出し▶138、立体文字▶208

POINT / PowerPointの機能のみで、テキストボックスの文字を1文字または1行ずつバラバラにする方法をご紹介します。1文字ずつ装飾や回転させたいときに有効なテクニックです。

テキストを縦並びで1文字ずつバラバラにする

01 バラバラにしたい文字を用意します。今回は「バラ肉」をバラバラにします。

02 1文字ずつ改行します❶。

03 テキストボックスを `Ctrl` + `X` キーで切り取った状態で `Ctrl` + `Alt` + `V` キーを押し、[形式を選択して貼り付け] ダイアログボックスボックスを開きます。
[貼り付ける形式] から [図（拡張メタファイル）] ❶を選択し、[OK] ボタン❷をクリックします。

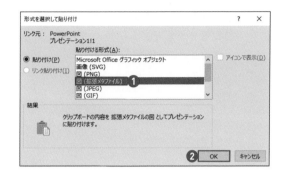

拡張メタファイル形式で貼り付きました❸。

04 `Ctrl` + `Shift` + `G` キーでグループ化を2回解除します❹。グループ化を解除したときに背面に出現する透明オブジェクトは削除しましょう❺。

> グループ化を解除したときに表示される警告メッセージは、[はい]をクリックします。

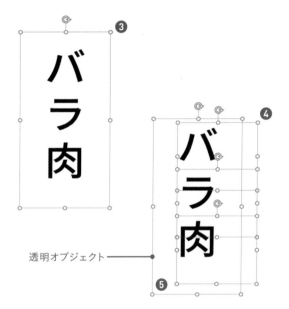

透明オブジェクト ————

05 テキストボックスと文字の間に余分な余白があるのでフィットさせます。
テキストボックスを選択した状態で、[図形の書式設定] ウィンドウ → [文字のオプション] ❶→ [テキストボックス] ❷の [図形内でテキストを折り返す] ❸にチェックを入れてから再度はずします。

➡つづく　201

テキストボックスが分割され、文字がバラバラになりました。

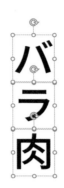

テキストを横並びで1文字ずつバラバラにする

01 バラバラにしたい文字を用意します。

02 1文字ずつ改行します。

03 テキストボックスを選択した状態で、[図形の書式設定] ウィンドウ → [文字のオプション] ❶ → [テキストボックス] ❷ の [文字列の方向] を [縦書き (半角文字含む)] ❸ に設定します。

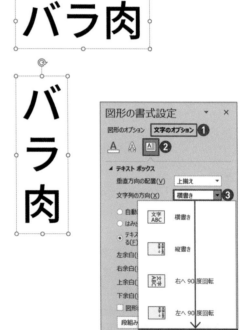

文字の並びが「肉ラバ」になりました。これを「バラ肉」に戻します。

04 テキストボックスを選択した状態で、[図形の書式設定] ウィンドウ→[文字のオプション] ❶→[テキストボックス] ❷ の[行の並び] を[左から右] に設定します❸。

「バラ肉」に戻りました。

05 ここからは、前項の拡張メタファイル形式で貼り付ける手順 (201ページの手順3) からと同じです。

横並びでバラバラになりました。

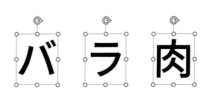

テキストを1行ずつバラバラにする

01 バラバラにしたい文字列ごとに改行します❶。

02 ここからは、前項の拡張メタファイル形式で貼り付ける手順 (201ページの手順3) からと同じです。

1行ずつバラバラになりました❷。

組み合わせ例　// 下線吹き出し ▶ 134、シンプルリボン ▶ 150、ジグザグ線 ▶ 162

POINT ／ 文字のベースラインを下げて1文字ずつずらし、ジグザグ文字にする方法をご紹介します。文字のベースラインを調整すると文字サイズが縮小されてしまうので、元に戻す方法がポイントになります。

文字のベースラインを下げる

01 ジグザグにしたい文字を用意します。作例のフォントは［源ノ角ゴシック JP Bold］を［36pt］で使用しています。

02 ずらしたい文字を選択した状態で Ctrl + ; キーを押して下付き文字にします。下付き文字にするとフォントサイズが縮小されるので、次の手順で元に戻します。

03 元のフォントサイズに合わせる方程式は、「元のフォントサイズ÷2×3」で求められます。作例は元のフォントサイズが「36pt」なので「54pt」に設定しています。

04 文字のベースラインを調整したい場合は、Ctrl + T キーを押して [フォント] ダイアログボックスを開き、[上付き] [下付き] の [相対位置] の値で行います。

書式のコピー / 貼り付けで文字をずらす

ずらした文字を1つ作ったら、ほかの文字は書式のコピー /貼り付けでずらすことができます。

01 ずらした文字を選択し、Ctrl + Shift + C キーで書式をコピーします。

02 ずらしたい文字を選択し、Ctrl + Shift + V キーで書式を貼り付けると文字がずれます。

ジグザグ文字の完成です。

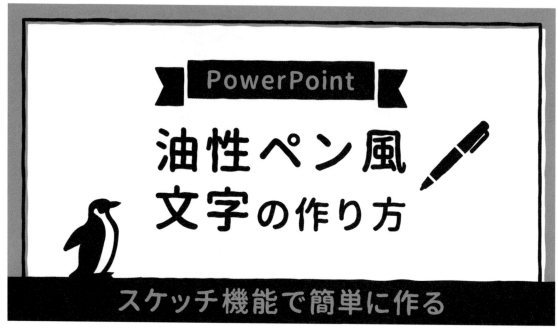

組み合わせ例 // 手描き風図形 ▶ 49、シンプルリボン ▶ 150

POINT / 油性ペンで書いたような手書き風文字を[スケッチ]で作る方法をご紹介します。文字に[スケッチ]を適用する場合は、[図形の結合]で文字をアウトライン化してから行う必要があります。

文字を手書き風にする

01 手書き風にしたい文字を用意します。丸ゴシック系のフォントを選ぶと手書き感が増します。作例のフォントは[源柔ゴシックX Normal]を[80pt]で使用し、[文字の間隔:広く]に設定しています。

02 文字の線には[スケッチ]が設定できないので、アウトライン化して図形に変換します。テキストボックスを Ctrl + Shift キーを押しながら下にドラッグして複製します。

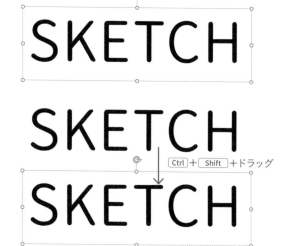

03 2つのテキストボックスを上揃え（13ページ）で配置します。

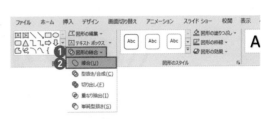

04 2つのテキストボックスを選択した状態で、[図形の書式]タブ→[図形の結合]❶→[接合]❷をクリックします。

文字がアウトライン化されて図形に変換されました。

05 アウトライン化した文字を選択した状態で、[図形の書式設定]ウィンドウ → [図形のオプション]❶→[塗りつぶしと線]❷→[線]❸→[線（単色）]❹→[透明度：100％]❺、[スケッチスタイル：フリーハンド]❻を設定します。

06 文字が手書き風になりました。文字のサイズによってフリーハンドの形状が変化します。

07 [線]を[透明度：0％]に戻して[塗りつぶしなし]に設定すると、縁取り手書き文字が作れます。

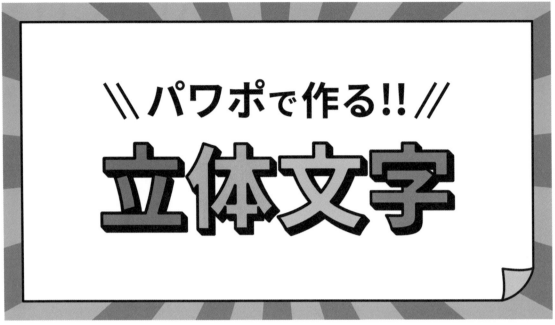

組み合わせ例 // 放射状オブジェクト ▶35、ページカール付きフレーム ▶130

POINT / 効果の[3-D書式]と[3-D回転]を組み合わせて立体文字を作る方法をご紹介します。文字に斜めの影をつけて飛び出したように見せるテクニックです。

影の設定

01 立体にしたい文字を用意します。作例のフォントは[源ノ角ゴシック JP Heavy]を[60pt]で使用しています。

02 テキストボックスを選択した状態で、[図形の書式設定]ウィンドウ →[文字のオプション] ❶ →[文字の効果] ❷ →[3-D回転] ❸ →[標準スタイル] ❹ →[斜投影：右下] ❺ をクリックします。

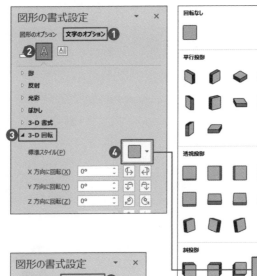

03 続いて、[図形の書式設定]ウィンドウ →[文字のオプション] ❶ →[文字の効果] ❷ →[3-D書式] ❸ →[奥行き] →[色：黒] ❹ に設定し、[サイズ]の値で影の長さを調整します ❺。作例は[20pt]に設定しています。

影がついて立体文字になりました。しかし、文字の色が明るくなったので元に戻します。

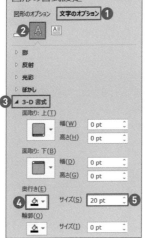

04 テキストボックスを選択した状態で、[図形の書式設定]ウィンドウ →[文字のオプション] ❶ →[文字の効果] ❷ →[3-D書式] ❸ →[質感] ❹ →[標準：つや消し] ❺ をクリックします。

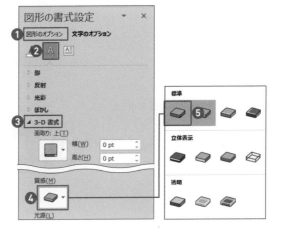

➡つづく

05 続いて、[図形の書式設定] ウィンドウ→ [文字のオプション] ❶→ [文字の効果] ❷→ [3-D 書式] ❸→ [光源] ❹→ [その他: フラット] ❺をクリックします。

文字の色が元に戻りました。

輪郭の設定

01 テキストボックスを選択した状態で、[図形の書式設定] ウィンドウ → [文字のオプション] ❶→ [文字の効果] ❷→ [3-D 書式] ❸→ [輪郭] → [サイズ] ❹の値で輪郭の太さを調整します。作例は [2pt] に設定しています。

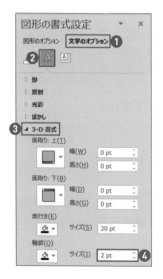

完 成

文字に輪郭がつきました。立体文字の完成です。

図形を立体にする場合は、[図形のオプション] の [効果] から文字と同じように設定しましょう。

[奥行き] と [輪郭] の色は、黒以外も設定できます。

組み合わせ例 // 角丸キラキラ▶24、漫画風集中線▶39、なみなみ円フレーム▶104、
ページカール付きフレーム▶130、付箋▶153

POINT / 文字追従と太さ調整ができる万能マーカーの作り方をご紹介します。
PowerPointの［蛍光ペン］は文字全体をハイライトする機能ですが、万能
マーカーは文字の下部のみに線を引くなどの調整ができます。

準備

01 マーカーを入れたい文字を用意します。作例
のフォントは［源ノ角ゴシック JP Bold］を
［36pt］で使用しています。

02 テキストボックスを選択
した状態で、［ホーム］
タブ❶→［中央揃え］❷
に設定します。

→つづく 211

03 テキストボックスを選択した状態で、［図形の書式設定］ウィンドウ →［文字のオプション］**1** →［テキストボックス］**2** →［テキストに合わせて図形のサイズを調整する］**3** をクリック、余白をすべて［0cm］、［図形内でテキストを折り返す］のチェックをはずします**4**。

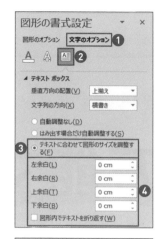

04 続いて、［図形の書式設定］ウィンドウ →［図形のオプション］**1** →［塗りつぶしと線］**2** →［塗りつぶし］**3** →［塗りつぶし（単色）］**4** をクリックし、マーカーの色を設定します**5**。

文字全体にマーカーが入りました。

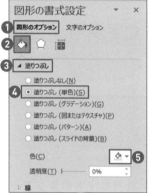

テキスト

今回作るマーカーは、複数行や部分的に入れることはできません。

マーカーを文字の下部に入れる

最初にマーカーの太さを調整するときに、マーカーの色が変わらないようにする設定をします。

01 テキストボックスを選択した状態で、［図形の書式設定］ウィンドウ →［図形のオプション］**1** →［効果］**2** →［3-D書式］**3** →［質感］**4** →［標準：つや消し］**5** をクリックします。

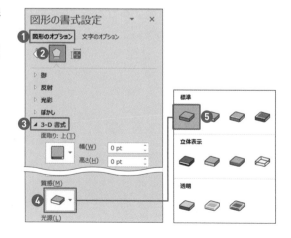

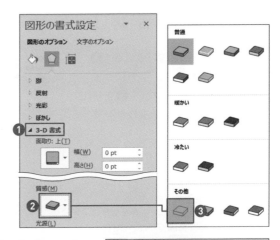

02 続いて、[3-D書式] ❶→[光源] ❷→[その他:フラット] ❸をクリックして完了です。

03 続いて、[図形の書式設定] ウィンドウ → [図形のオプション] ❶→ [効果] ❷→ [3-D回転] ❸→ [テキストを立体表示しない] ❹にチェックを入れ、[Y方向に回転] ❺の値でマーカーの太さを調整します。作例は [75°] に設定しています。

マーカーが細くなりました。

04 続いて、[図形の書式設定] ウィンドウ → [図形のオプション] ❶→ [効果] ❷→ [3-D回転] ❸→ [底面からの距離] ❹の値でマーカーの位置を下げます。作例は [15pt] に設定しています。

マーカーの位置が下がりました。

文字を増やすとマーカーも追従します。

テキストボックス

➡つづく　213

バリエーション① / 手書き風マーカー

01 マーカーの［線］に［色］❶、［幅］❷、［スケッチスタイル：フリーハンド］❸を設定すると手書き風になります。

［スケッチスタイル：フリーハンド］を設定していると［3-D回転］の［底面からの距離］が調整できなくなるので、再調整したいときは［スケッチスタイル：なし］に切り替えてから行いましょう。

テキスト

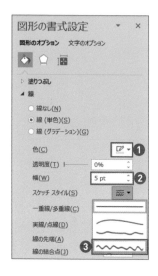

バリエーション② / 一重下線

01 ［図形の書式設定］ウィンドウ → ［図形のオプション］❶→［効果］❷→［3-D回転］❸の［Y方向に回転］❹と［底面からの距離］❺を調整すると一重下線が作れます。作例は［Y方向に回転：87°］［底面からの距離：20pt］に設定しています。

テキスト

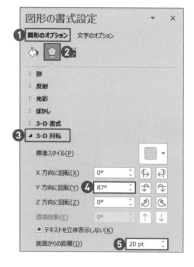

バリエーション③ / 二重下線

01 マーカーの色が変わらないようにする設定（213ページの手順2）まで進めたテキストボックスを用意します。

02 テキストボックスを選択した状態で、[図形の書式] タブ → [図形の編集] ❶→ [図形の変更] ❷→ [次の値と等しい] ❸をクリックします。

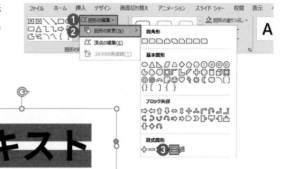

マーカーが2本入りました。

03 続いて、下線になるように位置を下げます。作例は [図形の書式設定] ウィンドウ → [図形のオプション] → [効果] → [3-D回転] → [Y方向に回転：80°] [底面からの距離：22pt] に設定後、左の調整ハンドルで [線の太さ]、右の調整ハンドルで [二重線の間隔] を調整しています。

左の調整ハンドル　　右の調整ハンドル

バリエーションのすべての値は、フォントやフォントサイズによって異なります。

マーカーの角度を調整する

01 マーカーの角度は、[図形の書式設定] ウィンドウ → [図形のオプション] ❶→ [効果] ❷→ [3-D回転] ❸→ [X方向に回転] ❹で調整します。作例は [359°] に設定しています。

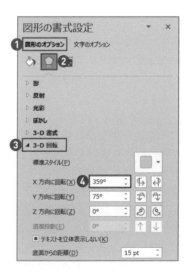

マーカーが右上がりになりました。

テキスト

均等割り付けができない件

1 右のように入力したテキストボックスの文字列に均等割り付けをする方法です。「名称」と「内容量」を「原材料名」の文字列の幅に揃えます。

2 テキストボックスを選択した状態で、[ホーム] タブ → [均等割り付け] ❶ をクリックします。

3 しかし、均等割り付けを設定してもテキストは左揃えのままです。この状況に陥って、均等割り付けができないと涙した人も多いのではないでしょうか。

4 実は均等割り付けを設定した状態からテキストボックスの幅をドラッグして変更すると、均等割り付けが適用される仕様になっています。しかしこれでは「原材料名」の文字列の幅まで変わってしまいます。

5 そこで、テキストボックスの幅を変えずに均等割り付けを適用する方法です。テキストボックスに均等割り付けを設定した状態で、[図形の書式設定] ウィンドウ → [文字のオプション] ❶ → [テキストボックス] ❷ の [図形内でテキストを折り返す] ❸ にチェックを入れます。すると、テキストボックスの幅を変えずに均等割り付けを適用できます。

画像加工の
神業

01 / 画像のサイズを一括で揃えて トリミングする

画像のサイズを
一括で揃えてトリミング

組み合わせ例 // 方眼紙 ▶ 58

POINT / 複数のサイズが異なる画像の大きさを一括で揃える方法をご紹介します。サイズを揃えると整ったレイアウトを組むことができます。縦横比が変わった画像を元の比率に戻す方法もポイントです。

画像のサイズを一括で揃える

01 図のように複数のサイズが異なる画像の大きさを一括で揃えてトリミングする方法です。
今回は、すべての画像を［高さ:5cm］［幅:5cm］に変更します。

02 サイズを変更したい画像をすべて選択します。

03 [図の書式設定] ウィンドウ → [サイズとプロパティ] ❶ → [サイズ] ❷ → [縦横比を固定する] のチェックをはずします ❸。続いて、[高さ: 5cm] [幅:5cm] に設定します ❹。

図の書式設定

❶

❷ ◢ サイズ
高さ(E)
幅(D)
回転(T)　　　　0°
高さの倍率(H)
幅の倍率(W)
□ 縦横比を固定する(A)
❸ ☑ 元のサイズを基準にする(R)
□ 解像度に合わせてサイズを調整する(B)
解像度(O)　　640 x 480
原型のサイズ
高さ: 幅: 16.93 cm
リセット(S)
▷ 位置
▷ テキスト ボックス

図の書式設定

◢ サイズ
高さ(E)　　　5 cm
幅(D)　　　　5 cm　　　❹
回転(T)　　　　0°
高さの倍率(H)　44%
幅の倍率(W)　30%
□ 縦横比を固定する(A)
☑ 元のサイズを基準にする(R)
□ 解像度に合わせてサイズを調整する(B)
解像度(O)　　640 x 480
原型のサイズ
高さ: 幅: 16.93 cm
リセット(S)
▷ 位置
▷ テキスト ボックス

すべての画像のサイズが変更されました。しかし、画像の縦横比が変わってしまったので、次項で元に戻します。

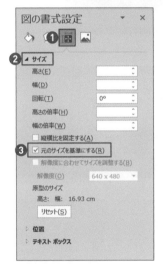

➡つづく　219

画像の縦横比を元に戻してトリミングする

ここからの手順は、すべての画像を選択した状態では行えません。1枚ずつ選択して操作しましょう。

01 画像を選択した状態で、[図の形式] タブ → [トリミング] ❶ → [塗りつぶし] ❷ をクリックします。

画像の縦横比が元に戻りました。トリミング枠からはみ出してる部分は表示されません。

トリミングする範囲を変更したい場合は、画像をドラッグして移動するか、画像の四隅のサイズ変更ハンドルをドラッグして拡大縮小します。

完成

すべての画像の縦横比を元に戻し、トリミングする範囲を調整して完了です。

> サイズを変更して画像が縦長や横長になった場合は、[トリミング] → [塗りつぶし]で縦横比を元に戻すようにしましょう。

02 / 画像の一部の縁をぼかす

組み合わせ例 // 波線 ▶165

POINT / 画像の一部の縁のみをぼかす方法をご紹介します。効果の［ぼかし］は、ぼかす縁を指定できません。そこで、上下左右どの縁でもぼかすことができるテクニックを使います。

画像の下のみをぼかす

画像の下のみをぼかす手順で進めます。同じ手順で上下左右どの縁でもぼかすことができます。

01 ぼかしたい画像を用意します。

➡つづく 221

02 画像を選択した状態で、[図の書式設定]ウィンドウ → [効果] ❶ → [ぼかし:50pt] ❷ に設定します。

> [ぼかし]の値は、画像の大きさによって異なります。

画像の上下左右をぼかした状態から、下のみをぼかした状態に変更します。

03 画像を選択した状態で、[図の書式設定]ウィンドウ → [塗りつぶしと線] ❶ → [塗りつぶし] ❷ → [塗りつぶし(単色)] ❸ → [色:黒] ❹ に設定します。

> 設定しても見た目は変わりませんが、画像の背面が黒色で塗りつぶされた状態です。

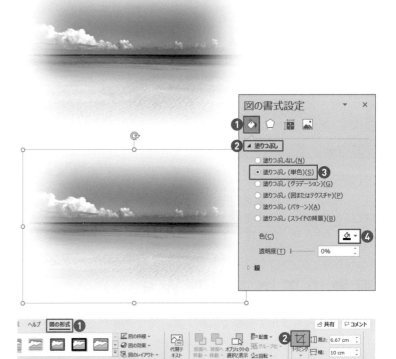

04 画像を選択した状態で、[図の形式]タブ ❶ → [トリミング]ボタン❷をクリックします。

05 画像にトリミング枠が表示されました。トリミング枠のハンドルをドラッグしながら枠を右上と左上に広げます。

06 画像の上左右の縁にぼかしがかからない位置までトリミング枠を広げましょう。すると、上左右のぼかしが背面の塗りつぶしの方に適用されるので、画像がぼけるのを回避できます。

07 Esc キーを押してトリミング状態を解除すると、画像の下と背面の塗りつぶしの上左右がぼけた状態になります。

08 続いて、[図の書式設定]ウィンドウ →[塗りつぶしと線]❶ →[塗りつぶし]❷ →[塗りつぶし（単色）]❸ →[色：白][透明度：99%]に設定し❹、背面の塗りつぶしをできるだけ薄く透過させます。背景色を変更すると、画像の下が徐々に透過されているのが確認できます。

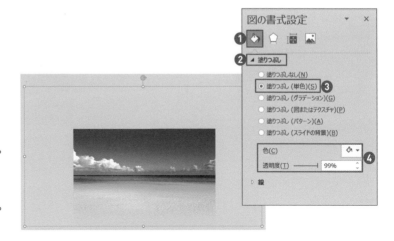

09 スライドをクリックしてトリミング状態を解除します。
画像の下のみをぼかすことができました。

画像の上と右のみをぼかす

01 画像を選択した状態で、[図の形式] タブ ❶→[トリミング] ボタン❷をクリックします。

02 画像をドラッグしてトリミング枠と右上揃えになるように移動させます。

完成

スライドをクリックしてトリミング状態を解除します。
画像の上と右のみをぼかすことができました。

03 / 画像をシルエット化する

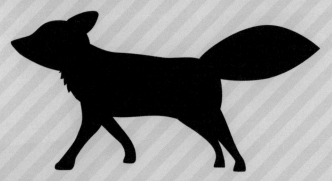

この動物な〜んだ？

パワポで画像を「シルエット化」する方法

組み合わせ例 // ストライプ ▶64

画像加工の神業

ch
6

POINT / 画像をシルエット化する方法をご紹介します。PowerPointの画像補正機能を使い、画像の［明るさ］と［コントラスト］を調整して黒色と白色のシルエット画像に加工します。

黒色のシルエット画像にする

01 シルエット化したい画像を用意します。今回は背景が透過したPNG画像を使用します。

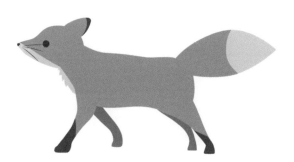

02 画像を選択した状態で、［図の書式設定］ウィンドウ →［図］❶→［図の修整］❷→［明るさ：-100％］［コントラスト：100％］に設定します❸。

［明るさ：-100％］のみでも黒色になったように見えますが、［RGB：0,0,0］にするには［コントラスト］も上げる必要があります。

完 成

黒色のシルエット画像になりました。

白色のシルエット画像にする

01 画像を選択した状態で、［図の書式設定］ウィンドウ →［図］❶→［図の修整］❷→［明るさ：100％］❸に設定します。

完 成

白色のシルエット画像になりました。
説明のため背景色を変更しています。

04 / 画像をカットアウト効果で イラスト化する

組み合わせ例 // 文字に追従する囲み枠 ▶197

POINT / PowerPointで画像をイラスト化するときは、[アート効果]を使います。その中でも[カットアウト]が処理後の不自然さも少なくおすすめです。お手軽にイラスト化したいときは試してみましょう。

カットアウトでイラスト化する

01 イラスト化したい画像を用意します。[カットアウト]を適用したときに、色の階調が潰れすぎないように、ある程度きれいな画像を使いましょう。

➡つづく 227

02 画像を選択した状態で、[図の形式]タブ→[アート効果]❶→[カットアウト]❷をクリックします。

[カットアウト]が適用されました。しかし、色の階調が少ないので増やします。

03 画像を選択した状態で、[図の書式設定]ウィンドウ→[効果]❶→[アート効果]❷→[影の数]❸の値で色の階調を調整します。作例は[影の数:6]に設定しています。

色の階調が増えて、アーティスティックな感じにイラスト化できました。

元の画像の状態に戻す

一度イラスト化した画像も、すぐに元の状態に戻すことができるので安心です。

01 画像を選択した状態で、[図の形式]タブ→[図のリセット]をクリックすると元の画像の状態に戻ります。

パワポで電子印鑑を手持ちの印鑑から作る方法

組み合わせ例 // -

ch
6

画像加工の神業

POINT / 電子印鑑を手持ちの印鑑から作る方法をご紹介します。印影を撮影したスマートフォンの写真をPowerPointで加工してデータ化するテクニックです。作成する電子印鑑はExcelやWordでも使用できます。

印鑑の印影を撮影する

コピー用紙などの白い用紙に印鑑を押してスマートフォンで撮影します。朱肉は濃くしてぼけない程度にアップで撮影しましょう。

撮影した状態がデータに反映されるので、かすれていない印影をできるだけ真上から撮影すると、きれいに仕上がります。

写真の明るさは図のように少し暗くても問題ありません。今回は、直径1cmの半沢印鑑を使用して電子印鑑を作ります。撮影ができたら写真をスライドに挿入して準備完了です。

➡つづく
229

用紙の不要な部分をカットする

01 画像を選択した状態で、[図の形式] タブ →
[トリミング] ボタン❶をクリックします。

02 トリミング枠が表示されるので、印鑑に合わ
せてトリミングします❷。

03 トリミングした状態では用紙の不要な部分が
非表示になっているだけなので、トリミング
した部分を削除します。
画像を選択した状態で、[図の形式] タブ →
[図の圧縮] ❶をクリックします。

04 [画像の圧縮] ダイアログボックスが開くの
で、[図のトリミング部分を削除する] ❶に
チェックが入っていることを確認し、[OK]
ボタン❷をクリックします。

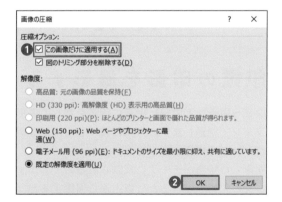

05 再度 [トリミング] ボタンをクリックすると、
トリミングした部分が削除されたことが確認
できます。

印鑑を赤色にする

01 画像を選択した状態で、［図の書式設定］ウィンドウ → ［図］ ❶→ ［図の修整］ ❷→ ［コントラスト：100％］ ❸に設定します。

印鑑が赤色、用紙が白色になりました。

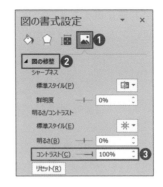

印鑑の輪郭を滑らかにする

印鑑の輪郭がギザギザした場合は、滑らかにすることができます。

01 画像を選択した状態で、［図の書式設定］ウィンドウ → ［図］ ❶→ ［図の修整］ ❷→ ［鮮明度：-100％］ ❸に設定します。

輪郭が滑らかになりました。

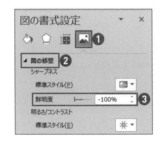

印鑑の太さを調整する

朱肉をつけ過ぎて印鑑が太ってしまった場合は、気持ち程度の太さ調整ができます。

01 画像を選択した状態で、［図の書式設定］ウィンドウ → ［図］ ❶→ ［図の色］ ❷→ ［鮮やかさ］ ❸の値を下げます。下げすぎると色調が崩れるので、確認しながら調整しましょう。

印鑑が少し細くなりました。

➡つづく

用紙を透明にする

01 用紙の部分を透明にして背景が見えるように
します。説明のため背景色を変更しています。

02 画像を選択した状態で、[図の形式] タブ →
[色] ❶ → [透明色を指定] ❷ をクリックしま
す。

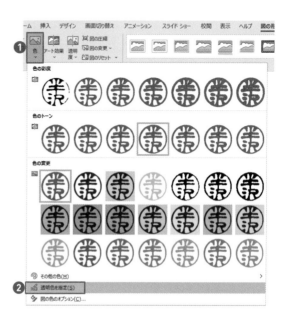

03 マウスポインターの形が ↖ に変わるので、
画像の白色部分にマウスポインターを合わせ
てクリックします。

白色部分が透明になりました。

完 成

完成したら押印スペースに配置してサイズ感を確認
しましょう。

06 / 画像をヴィンテージ風加工する

組み合わせ例 // グランジテクスチャ ▶94

POINT / 画像をヴィンテージ風に加工する方法をご紹介します。画像にテクスチャを重ねて経年劣化させる手順がポイントです。PowerPointの機能を最大限に活用し、雰囲気のある画像に仕上げましょう。

画像をセピア調にする

01 ヴィンテージ加工が合いそうな画像を用意します。画像によっては、加工しても雰囲気が合わない場合もあります。

> ヴィンテージ加工は画像が9割です。

➡つづく

02 画像を選択した状態で、［図
の形式］タブ →［色］❶ →［色
の変更］→［セピア］❷ をク
リックします。

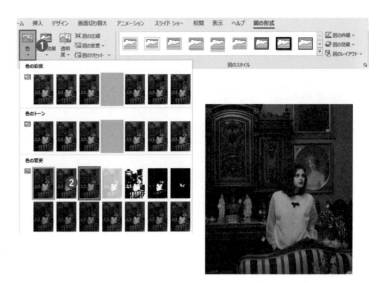

画像がセピア調になりました。

画像のコントラストを上げる

テクスチャを重ねる手順で画像が薄くなってしまうので、コントラストを上げておきます。

01 画像を選択した状態で、［図
の書式設定］ウィンドウ →
［図］❶ →［図の修整］❷ →
［コントラスト:50%］❸ に設
定します。

画像のコントラストが上がり
ました。

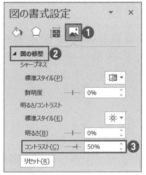

02 コントラストを上げて画像が
全体的に暗くなってしまった
場合は、［図］❶ →［図の修
整］❷ →［明るさ］❸ の値で
調整します。ハイライトが白
飛びしすぎないようにするの
がポイントです。作例は［明
るさ:30%］に設定しています。

画像が明るくなりました。

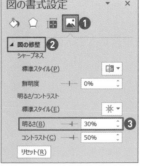

03 合わせて、画像が少しぼけているのでシャープネスを上げて輪郭をくっきりさせます。画像を確認しながら、[図]❶→[図の修整]❷→[鮮明度]❸の値で調整しましょう。あまりパキパキした仕上がりにならないようにするのがポイントです。作例は[鮮明度:30%]に設定しています。

画像がくっきりしました。

[コントラスト][明るさ][鮮明度]の値は、画像によって異なります。

ch
6
画像加工の神業

ノイズを加えてレトロ感を出す

01 画像を選択した状態で、[図の形式]タブ→[アート効果]❶→[フィルム粒子]❷をクリックします。

02 続いて、[図の書式設定]ウィンドウ→[効果]❸→[アート効果]❹→[粒度]❺の値でノイズを調整します。あまりザラつき過ぎないように画像を確認しながら調整しましょう。作例は[粒度:10]に設定しています。

画像にザラつきが加わりレトロ感が出ました。

[粒度]の値は、画像のサイズによって異なります。

テクスチャを重ねて経年劣化させる

01 画像と同じサイズで四角形を描き、[図の書式設定] ウィンドウ → [図形のオプション] ❶ → [塗りつぶしと線] ❷ → [塗りつぶし] ❸ → [塗りつぶし (図またはテクスチャ)] ❹ → [テクスチャ] ❺ → [ひな形] ❻ をクリックし、[図をテクスチャとして並べる] ❼ にチェックを入れます。

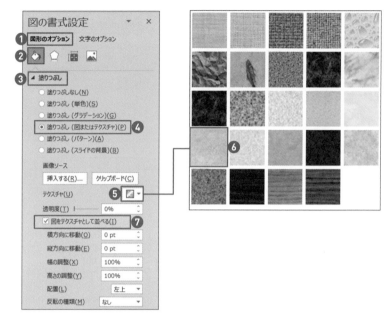

すると、ヴィンテージ感がある革のようなテクスチャができます。

02 作成したテクスチャを画像と重ね合わせ、仕上がりを確認しながらテクスチャの透明度を下げて画像を透かせます。作例は [透明度: 70%] に設定しています。

完成

ヴィンテージ風画像の完成です。

爆速ショートカットキー

よく使うショートカットキーを「オブジェクト」「テキストボックス」「スライド」「ファイル」の
項目別に厳選しました。ショートカットキーを使いこなして爆速で作成しましょう。

● オブジェクト

機能	ショートカットキー
コピー	`Ctrl` + `C`
貼り付け	`Ctrl` + `V`
切り取り	`Ctrl` + `X`
書式のコピー	`Ctrl` + `Shift` + `C`
書式の貼り付け	`Ctrl` + `Shift` + `V`
オブジェクトを複製	`Ctrl` + `D`
すべて選択	`Ctrl` + `A`
グループ化	`Ctrl` + `G`
グループ化解除	`Ctrl` + `Shift` + `G`
直前の操作を元に戻す	`Ctrl` + `Z`
直前の操作を繰り返す	`Ctrl` + `Y` または `F4`
オブジェクトのサイズを拡大縮小（大きく）	`Shift` + `←` `↑` `↓` `→`
オブジェクトのサイズを拡大縮小（細かく）	`Ctrl` + `Shift` + `←` `↑` `↓` `→`
オブジェクトの回転（15°ずつ）	`Alt` + `←` `→`
オブジェクトの回転（1°ずつ）	`Ctrl` + `Alt` + `←` `→`
オブジェクトを1つ背面に移動	`Ctrl` + `Shift` + `[`
オブジェクトを1つ前面に移動	`Ctrl` + `Shift` + `]`
次のオブジェクトを選択	`Tab`
頂点の削除	頂点の編集状態で `Ctrl` を押しながらクリック
[形式を選択して貼り付け]ダイアログボックスを表示	`Ctrl` + `Alt` + `V`

● テキストボックス

機能	ショートカットキー
フォントサイズを上げる	`Ctrl` + `Shift` + `>`
フォントサイズを下げる	`Ctrl` + `Shift` + `<`
段落内改行	`Shift` + `Enter`
カーソルを行の先頭に移動	`Home`
カーソルを行の末尾に移動	`End`
カーソルを段落の先頭に移動	`Ctrl` + `Home`
カーソルを段落の末尾に移動	`Ctrl` + `End`

機能	ショートカットキー
カーソル位置から段落の先頭まで選択	Ctrl + Shift + Home
カーソル位置から段落の末尾まで選択	Ctrl + Shift + End
1文字ずつ選択	Shift + ← →
テキスト内選択からオブジェクト選択に切替	Esc
オブジェクト選択からテキスト内選択に切替	Enter
[フォント]ダイアログボックスを表示	Ctrl + T
太字	Ctrl + B
斜体	Ctrl + I
下線	Ctrl + U
左揃え	Ctrl + L
中央揃え	Ctrl + E
右揃え	Ctrl + R
検索	Ctrl + F
置換	Ctrl + H

● スライド

機能	ショートカットキー
ガイドの表示/非表示	Alt + F9
ルーラーの表示/非表示	Shift + Alt + F9 または スライドを右クリックして表示メニューから
グリッド線の表示/非表示	Shift + F9
リボンの表示/非表示	Ctrl + F1
新しいスライドを追加	Ctrl + M
スライドを複製	Ctrl + D
次のスライドに移動	Page Down
前のスライドに移動	Page Up
スライドの表示倍率を拡大縮小	Ctrl + マウスホイール

● ファイル

機能	ショートカットキー
新規ファイルを作成	Ctrl + N
ファイルを上書き保存	Ctrl + S
名前を付けて保存	Ctrl + Shift + S
ファイルを閉じる	Ctrl + Q
[PowerPointのオプション]ダイアログボックスを表示	Alt → F → T の順に押す
印刷	Ctrl + P

[著者プロフィール]

PPDTP

PowerPointの革命的な作成テクニックをお届けするサイト。
2019年より開設し、アクセス数が累計250万PV（2021年8月現
在）に到達。
PPDTPでは、初級者から上級者までを対象に「素材の作り方」
「テキストの扱い方」「画像加工テクニック」など、Microsoftも
想定外の使い方で手順を解説。
さぁ、パワポの未知なるパワーを体験しましょう！

https://ppdtp.com
Twitter：@ppdtp

[スタッフリスト]

装丁・本文デザイン	三森健太＋永井里実（JUNGLE）
デザイン制作室	今津幸弘
制作担当デスク	柏倉真理子
編集協力	明間慧子
副編集長	田淵 豪
編集長	藤井貴志

[CLUB Impress]

本書のご感想をぜひお寄せください。

https://book.impress.co.jp
/books/1120101150

アンケート回答者の中から、抽選で
図書カード（1,000円分）などを毎月プレゼント。
当選者の発表は賞品の発送をもって代えさせていただきます。
※プレゼントの賞品は変更になる場合があります。

商品に関する問い合わせ先

このたびは弊社商品をご購入いただきありがとうございます。本書の内容などに関するお問い合わせは、下記のURLまたはQRコードにある問い合わせフォームからお送りください。

https://book.impress.co.jp/info/

上記フォームがご利用頂けない場合のメールでの問い合わせ先

info@impress.co.jp

※お問い合わせの際は、書名、ISBN、お名前、お電話番号、メールアドレスに加えて、「該当するページ」と「具体的なご質問内容」「お使いの動作環境」を必ずご明記ください。なお、本書の範囲を超えるご質問にはお答えできないのでご了承ください。

- 電話やFAXでのご質問には対応しておりません。また、封書でのお問い合わせは回答までに日数をいただく場合があります。あらかじめご了承ください。

- インプレスブックスの本書情報ページ https://book.impress.co.jp/books/1120101150 では、本書のサポート情報や正誤表・訂正情報などを提供しています。あわせてご確認ください。

- 本書の奥付に記載されている初版発行日から3年が経過した場合、もしくは本書で紹介している製品やサービスについて提供会社によるサポートが終了した場合はご質問にお答えできない場合があります。

落丁・乱丁本などの問い合わせ先

TEL 03-6837-5016

FAX 03-6837-5023

service@impress.co.jp

受付時間／10:00〜12:00、13:00〜17:30（土日祝祭日を除く）

※古書店で購入されたものについてはお取り替えできません。

書店／販売会社からのご注文窓口

株式会社インプレス 受注センター

TEL 048-449-8040

FAX 048-449-8041

PowerPointで何でも作る！
神業パワポ

2021年10月21日　初版発行

著　者　　PPDTP（ピーピーディーティーピー）
発行人　　小川亨
編集人　　高橋隆志
発行所　　株式会社インプレス
　　　　　〒101-0051 東京都千代田区神田神保町一丁目105番地
　　　　　ホームページhttps://book.impress.co.jp/
印刷所　　株式会社リーブルテック

ISBN 978-4-295-01274-0 C3055　　Printed in Japan